Szenen von der Spielwiese

Kräftemessen unter Freunden

Nicht nur mit Zweibeinern wird um die Wette gezogen, auch befreundete Vierbeiner rangeln um das Spielzeug. Ist das Spiel ausgewogen, darf mal der eine gewinnen und mit der Beute wegrennen, dann werden die Rollen gewechselt und der andere ergattert den Lindwurm und macht sich von dannen.

Mutprobe

Beim Spiel werden Sachen erforscht, die auch ein bisschen gruselig sind. Dieser Welpe betritt todesmutig den bunten Tunnel. Wahrscheinlich ist ihm noch etwas mulmig, aber seine Neugier siegt und mit Forscherdrang tapst er in die dunkle Höhle mit dem knisternden Untergrund.

Fix und fertig

Die Kleinen sind zwar die größten Spieljunkies, aber ihnen geht schneller die Puste aus, als ihnen lieb ist. Allerhöchste Zeit für ein kleines Nickerchen, bei dem alle neuen Sinneseindrücke verarbeitet und abgespeichert werden. Spielen kann sooo anstrengend sein!

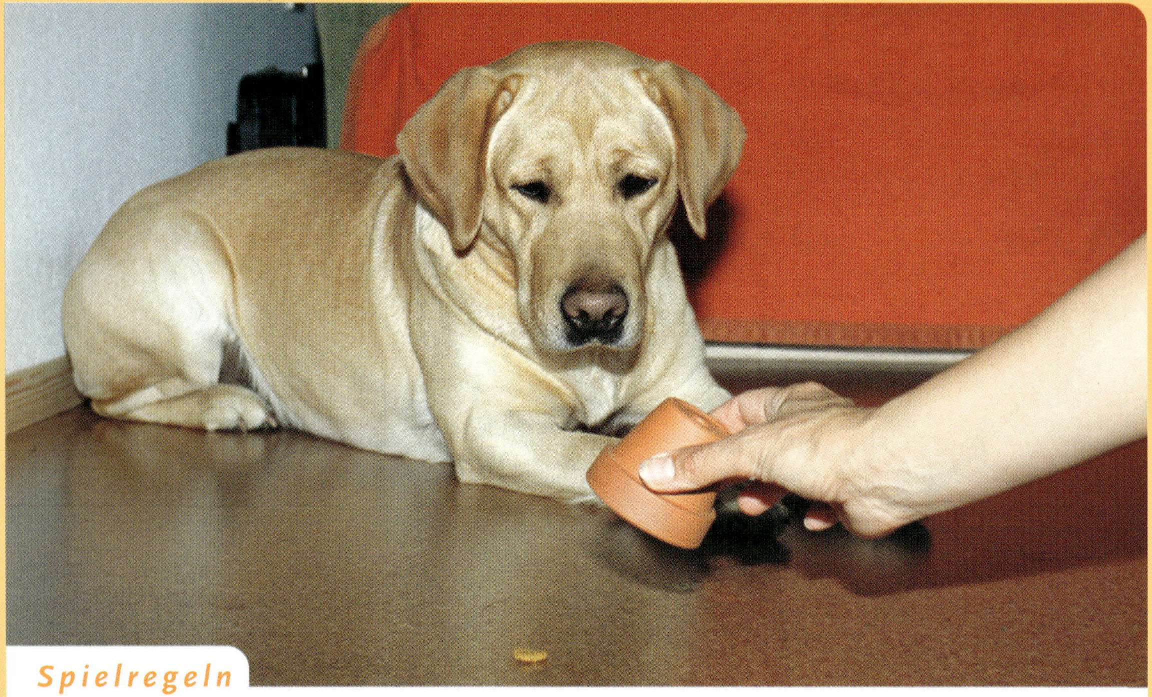

Spielregeln

Man braucht: Einen aufmerksamen Hund, einige Leckerchen und kleine Blumentöpfe. Vor den Augen des Hundes wird das Leckerchen auf den Boden gelegt und der Blumentopf darübergestülpt. Bisher ist's noch ganz leicht!

Da ist's drunter!

Die Hündin hat gut aufgepasst. Sie steht auf und tippt das Töpfchen an. Super! Der Jackpot wird gelüftet und sie darf den Gewinn fressen. Aber bei einem einzigen Hütchen und einem Leckerchen können auch noch Langsam-Denker mithalten.

Noch ein Hütchen

Nun kommt ein neues Blumentöpfchen ins Spiel, aber nur unter einem befindet sich das Leckerchen. Hochkonzentriert und mit gerunzelter Stirn verfolgt die Hündin das Geschehen. Man muss schon aufpassen, um keinem Bluff aufzusitzen.

Für Hütchenspieler

Hütchen wechsel dich

Höchste Schwierigkeitsstufe: Die Hütchen werden gemischt, erst ganz langsam, dann immer schneller: rechts, links, rechts! Die Hütchen verschwimmen schon fast vor den Augen, aber noch ist alles unter Kontrolle!

Zielsicher erkannt

Aufstehen, ein Blick, ein Atemzug, die Nase dicht an das Loch gepresst. Kein Zweifel: Unter diesem Töpfen befindet sich das Leckerchen. Die Hündin ist sich ihrer Sache sicher – keine Chance für Trickbetrüger.

Gewinnausschüttung

Na, gut! Du hast gewonnen. Das Töpfchen wird gelüftet, der Sieger darf die Prämie entgegennehmen. Herzlichen Glückwunsch für den Meisterdetektiv mit der vorzüglichen Nase und dem aufmerksamen Blick!

Inhalt

1

Hundespiele rund ums Jahr 6

Lassen Sie sich anstecken
Spielespaß zum Mitmachen   8

Für jeden das Richtige
Rassespezifisch spielen   10

Ein Gesundbrunnen
Angepasstes Spielen   12

Spiellaunen unterscheiden sich
Damit's immer Spaß macht   14

Abwechslung ist gefragt
Spielfreude fördern   16

Auf einen Blick
So spielen Sie richtig   18

2

In der warmen Jahreszeit   20

Hinaus, hinaus in die Natur!
Frühlingserwachen   22

Wohin mit dem Beutetrieb?
Die „reizende" Angel   24

Freude am Bringen
Apportieren – nicht nur für Retriever   26

Perfekter Apport?
Nicht alle sind Profis   28

Auf geht's, mitgemacht!
Von Kreisen und Kisten   30

Verstecken ist angesagt
Die „verlorenen" Habseligkeiten   32

Sommerfreuden
Scheibenfangen für Flinke   34

Ab auf die Wiese!
Der Heuballen lebt   36

Nicht nur zum Waschen da
Wasser-Spiele   38

Im Garten
Ausgrabungen und Akrobatik   40

Von Dinos und Dummies
Spielzeug, Spielzeug überall   42

Für KIDS
Tomate contra Kiwi   44

Partyeinlagen
Kleine Gefälligkeiten   46

3

Für die kühle Jahreszeit   48

Herbststimmung
Spurenleser unterwegs   50

Mit dem Riecher dicht am Boden
Naseneinsatz ist gefragt   52

Die perfekte Witterung
Einer Schleppspur auf der Spur   54

Von Klammern und Düften
Wenn Waschtag ist   56

Adventure-Tours für Hunde
Spaziergang mit Hindernissen   58

Winterspaß
Stubenhocker aufgepasst!   60

Für KIDS
Spielzeug verloren   62

Kalorienfresser
Leckerbissen und doch kein Speck   64

EXTRA
Farben und Augenbewegungen   66

Auf einen Blick
Spielideen rund ums Jahr   68

Service   70

Impressum   70
Register   71
Zum Weiterlesen   72
Nützliche Websites   72

5

1

Hundespiele rund ums Jahr

Auf einen Blick

Spielespaß zum Mitmachen

Sie kommen sich albern dabei vor? Keine Angst: Das gibt sich!

Beim Zerrspiel darf Ihr Hund ruhig mal als Sieger hervorgehen. Das stärkt sein Selbstbewusstsein. Nach dem Spielen allerdings gehört die „Beute" Ihnen.

„Vorne tief, hinten hoch", den knuffeligen Dino zwischen den Zähnen... Bonnie weiß ganz genau, was das bedeutet: Frauchen ist in Spiellaune. Keuchend, den Fang weit geöffnet, tänzelt die Hündin auf und ab, dreht sich ruckartig im Kreis, hopst auf allen vieren, stupst Frauchen (die immer noch Dino tragend am Boden lauert) auffordernd mit der Schnauze an, bellt laut. „Los geht's! Worauf warten wir noch?"

Los geht's!
Und ab geht die wilde Toberunde: Frauchen springt auf, juchzt, versteckt den Dino hinter den Beinen, lässt ihn vorblitzen, weg ist er wieder. Da: Kurz lugt er hervor – Bonnie kann ihn erhaschen und saust damit ins hohe Gras. Dann zwischen den Halmen hervorblinzelnd:

„Hey, Frauchen, hier bin ich!" Ein angedeutetes Nachspurten von Frauchen, und Bonnie prescht davon. Aber Frauchen gibt sich uninteressiert an einer weiteren Verfolgungsjagd, beschäftigt sich stattdessen scharrend am Boden. Plötzlich ist Bonnie wieder da, lässt den Dino fallen und schnuppert erregt an der vermeintlich spannenden Grasnarbe. Zack! Frauchen ergattert das Spielzeug und wirft es unters Gebüsch: „Bring den Knuffel!"

Auf zur nächsten Runde
Bonnie rennt los, zwängt sich unter die Hecke. Nach einer Weile kommt ein Dino zum Vorschein und dann seine stolze Trägerin. „Braves Mädel! So ist's fein!", flötet Frauchen, schnappt sich den Dino, lässt ihn erst fiepend übers Gras huschen, dann mit tief brummen-

der Stimme ganz langsam hin und her wanken. Bonnie nutzt die Gelegenheit, packt ihn am Bein, zerrt aus Leibeskräften. Frauchen hält dagegen. Bonnie rackert sich ab. Die Hinterhand hat sie in die Erde gestemmt, die Vorderpfoten heben bereits ab: Ihr Knurren wird lauter und lauter. Aus voller Kehle stimmt Frauchen ein. Für Außenstehende mag dieses Knurrduett womöglich bedrohlich klingen. Doch von Gefahr keine Spur. Alles ist Spiel und völlig normal. Den ungleichen Sparringpartnern macht's Spaß – und allein darauf kommt es an.

Das war's

Schließlich ertönt ein unmissverständliches „Das war's". Im selben Augenblick öffnet Bonnie den Fang, gibt den Dino frei: „Dein Knuffel, Frauchen, bitteschön!"
Die „tot geschüttelte Beute" in den Händen haltend begutachtet Frauchen das Bringsel gebührend, anschließend macht sich das Gespann auf den Heimweg. Kurz vor der Eingangstür überlässt Frauchen Bonnie das Spielzeug. Ins Haus hinein darf es die Hündin tragen. Stolz stakst sie damit durch den Flur ins Wohnzimmer. Dort verschwindet der Dino in der Spielebox – bis zu seinem nächsten Auftritt. Bonnie fällt ausgepowert in den Wassernapf, Frauchen setzt sich seufzend an den Computer...

Spielen – Lebenselixier für den Hund

Jeder Hund kann spielen, und jeder Hund muss spielen! Denn Spielen ist lebenswichtig – nicht nur für die Jüngsten, die dabei wichtige Erfahrungen für ihr späteres Leben sammeln, sondern auch für die Erwachsenen, selbst für die betagten Senioren.

Spielen macht den Alltag spannend und ist meist kinderleicht umzusetzen. Bei Übungen wie dem „Flug-Leckerchen fangen" kann man seinen Vierbeiner schnell auf sich konzentrieren, womit rasch Ruhe in ein allzu rasantes Tobespiel kommt.

Denn auch sie brauchen das regelmäßige Spiel (allein, mit Menschen oder Artgenossen), um körperlich ausgelastet und mental befriedigt zu sein. Außerdem fördert Spielen die sozialen Beziehungen. Ein Hund, der nie spielen darf, oder der nie mit hundegerechten Aufgaben betraut wird, ist nicht nur unausgeglichen, er verkümmert zudem – körperlich und seelisch.
Wie begeistert und ausdauernd ein Hund spielt, und welche Spiele er im Einzelfall bevorzugt, hängt von seiner Rasse, seiner Persönlichkeit und den Erfahrungen ab, die er in Sachen „Spielen" bereits gemacht hat. Frühzeitige spielerische Beschäftigung mit dem Menschen fördert die Spielbegeisterung eines Hundes, egal welcher Rasse er angehört.

Für jeden das Richtige
Rassespezifisch spielen

Läufer, Schnüffler und Höhlenfreunde

Lauffreudige Hunde lieben rasante Bewegungsspiele in offenem Gelände, wobei die Windhundtypen gern ihrem Hetztrieb nachgeben und eine Spielbeute (die sie überwiegend mit den Augen orten) über längere Strecken verfolgen. Hunderassen mit ausgeprägtem Stöber- oder Apportiertrieb hingegen suchen vor allem schnüffelnd nach ihrer „Beute", mit Vorliebe in dichtem Bewuchs oder im Wasser. Und sie schleppen dabei voller Tatendrang alles an. Sie tun dies in der Regel weichmäu-

Vor allem Jagd- und Hütehunde haben stets ein wachsames Auge auf das, was sie umgibt.

Apportieren bis zum Abwinken... Wer macht wohl zuerst schlapp, der Werfer oder der Apporteur? Bei manchen Spielen braucht man kaum eine Abwandlung, andere werden schnell uninteressant.

lig, das heißt, sie nehmen das Bringsel so sanft zwischen die Kiefer, dass es unbeschadet am Zielort anlangt. „Bauhunde" indes buddeln für ihr Leben gern. Sie stecken mit Begeisterung ihren neugierigen Riecher in jede noch so enge Röhre und zwängen ihren geschmeidigen Körper gleich hinterher. Ein ums andere Mal ein lustiges Apportel suchen und bringen, das ist für diese drahtigen Burschen oft nicht so spannend. Und weichmäulig herbeibringen, das ist auch nicht ihr Ding. Schließlich wurden sie zu völlig anderen Zwecken gezüchtet...

Beobachten und zusammentreiben

Hunde mit Hüteeigenschaften, um noch ein letztes Beispiel zu nennen, sind exzellente Späher. Mit ihrer einzigartigen Beobachtungsgabe schaffen es nicht bloß Border Collies und Working Kelpies, Schafe oder andere Weidetiere beieinanderzuhalten, auch die meisten anderen Mitglieder dieser Rassegruppe sind gute Helfer beim Zusammentreiben und Hüten einer Herde. Mit ihrer einzigartigen Beobachtungsgabe registrieren sie jeden Fingerzeig, und sie lassen das, worauf sie sich konzentriert haben, so schnell nicht wieder aus den Augen. Für diese Vierbeiner eignen sich neben flotten Bewegungsspielen vor allem spielerische Aktivitäten, bei denen ihre wachen „Seher" und ihre grauen Zellen gefordert sind.

Ausnahmen bestätigen die Regel

Doch trotz aller Rassespezifika: Stets gibt es Vierbeiner, die, was ihre Beschäftigungsvorlieben anbelangt, deutlich aus ihrer jeweiligen „Rassenorm" herausfallen, und z.B. als typische Apportierhunde viel lieber buddeln und springen als ausdauernd suchen und bringen. Pauschale, rassebezogene Spiel-Empfehlungen sind daher fehl am Platz. Stattdessen ist es an uns herauszufinden, welche Spiele und Spielarten sich für unseren Hund am besten eignen, ihn auslasten und zufrieden stellen. Probieren Sie es aus.

Ansprüche langsam steigern

Verlangen Sie nicht gleich zu viel von Ihrem Tier! Stellen Sie zunächst kleine Aufgaben, dann erst fordern Sie es heraus. Und achten Sie bei allen Spiel-

kreationen, die Sie sich ausdenken, darauf, dass sich mentale und körperliche Beanspruchung die Waage halten. Denn es muss nicht immer bloß Muskeltraining sein, auch Gehirnjogging ist spannend und bereitet fast jedem Vierbeiner Vergnügen. Hundegerechte Knobel- und Geschicklichkeitsspiele sind eine ideale Freizeitbeschäftigung – für drinnen und draußen, im Winter wie im Sommer. Bringen Sie Ihren Vierbeiner jedoch keine Handlungsweisen bei, wie etwa eine Türklinke drücken, eine Schublade öffnen oder einen Lichtschalter betätigen. Denn Sie sollten nicht darauf vertrauen, dass Ihr Hund solche Handlungen immer nur dann ausführt, wenn er dazu aufgefordert wird. Ist er länger allein zu Hause, wird's ihm womöglich langweilig, und er nimmt solche Aufgaben schon mal ohne das entsprechende Kommando in Angriff.

Nadelspitze Welpenzähnchen und kräftige Kiefer erfordern robustes Spielzeug. Bälle müssen stets etwas größer sein als der Rachenraum, damit sie nicht verschluckt werden können oder im Schlund hängen bleiben und zum Ersticken führen.

Ein Gesundbrunnen
Angepasstes Spielen

Spielbegeisterung hin, Spielbegeisterung her: Die körperliche Unversehrtheit des Hundes darf beim Spielen niemals auf der Strecke bleiben! Bevor Sie zu Werke gehen, sollten Sie sich deshalb unbedingt Klarheit darüber verschaffen, in welchem Entwicklungsbeziehungsweise Gesundheitszustand sich Ihr Hund befindet: Ist er Welpe, Junghund, Erwachsener oder Senior? Ist er gelenkkrank, herzkrank, moppelig, untrainierter Stubenhocker oder Leistungshund? Denn nicht für jeden Vierbeiner, der großen Gefallen an einem ganz bestimmten Spielchen finden würde, eignet sich dieses auch tatsächlich.

Mit allen Sinnen erforschen... Vorsichtig, aber neugierig beschnuppert und betastet der Vizsla-Welpe das Spielzeug; ist sein Schneid groß genug, packt er es und schleppt es stolz davon.

Welpen und Junghunde

Welpen und Junghunde etwa dürfen unter keinen Umständen mit Springspielen oder ausgedehnten Toberunden beschäftigt werden, auch wenn sie sofort dabei wären. Solche gemeinsamen Beschäftigungen sind gefährlich, denn sie übersteigen rasch die Leistungsfähigkeit der Hundekinder und schädigen dauerhaft vor allem ihren noch unausgereiften Skelettapparat. Nicht immer ist es leicht einzusehen: Die winzigen Temperamentsbündel sind wirklich kaum belastbar. Legt sich der kleine Vierbeiner beim Spielen oder gemeinsamem Laufen erst einmal hin, und mag keinen Schritt mehr tun,

ist seine Belastungsgrenze schon längst überschritten. Soweit darf es gar nicht erst kommen.

Gerade weil junge Hunde (durch die Begeisterung ihrer zweibeinigen Spielkumpane angespornt) alles Erdenkliche mitmachen, und das bis zu ihrer völligen Erschöpfung, werden die Jüngsten oft viel zu viel „bewegt". Im Gegensatz zu ihren erwachsenen Artgenossen, die nicht selten chronisch unterbeschäftigt und daher oft körperlich wie seelisch unausgelastet sind. Auch Zerrspiele sollten unterlassen werden, solange der Zahnwechsel noch nicht vollendet ist, da die Gefahr von Zahnabsplitterungen bis zu Zahnfehlstellungen besteht.

Nicht ganz fit?

Erst mit rund zwölf Monaten ist ein Hund körperlich voll belastbar (kleine Rassen früher, große etwas später). Welche Anstrengungen Sie Ihrem Tier ab diesem Alter zumuten können, hängt allerdings von seinem jeweiligen Gesundheitszustand ab. Ein gelenkkranker Vierbeiner zum Beispiel darf selbst dann keine „großen Sprünge machen". Auch sollte er nicht zu Dauerleistungen ermuntert werden. Das beansprucht die vorgeschädigten Gelenke, Bänder und Sehnen ebenfalls stark. Regelmäßige moderate Bewegung, wenig anstrengende Spiele oder solche im Wasser sind hingegen ideal. Denn eine trainierte, kräftige Muskulatur hilft, die verminderte Beweglichkeit des krankhaft veränderten Skelettsystems abzufangen und beeinflusst das Krankheitsbild demzufolge günstig.

Rücksicht nehmen

Ähnliches gilt für Tiere mit Herz-Kreislauf-Problemen oder für Hundesenioren. Ihnen sollten ebenfalls keine

größeren körperlichen Leistungen abverlangt werden. Zudem gilt es, auf die jeweilige Tagesform der vierbeinigen Patienten Rücksicht zu nehmen. Denn nicht selten verändern sich Krankheitssymptome oder Altersbeschwerden in Abhängigkeit von der Tageszeit oder etwa der Witterung merklich. Völlig untrainierte oder gar hochgradig übergewichtige Stubenhocker sollten sich nicht überanstrengen, sondern langsam an die ungewohnten Aktivitäten und die mechanische Beanspruchung herangeführt werden – egal, wie alt sie sind.

Selbst die ältesten Hundesenioren sind hin und wieder zu einem Spielchen bereit. Wenn sie dabei Dinge tun dürfen, die sie gut können, gern mögen und die keine körperlichen Höchstleistungen erfordern, spricht nichts dagegen.

Stretching **Tipp**
Für alle, also auch für die vierbeinigen Spieleprofis, gilt ausnahmslos: Erst stretchen, dann matchen! Sonst droht Muskelkater oder Schlimmeres, etwa ein Muskelriss.

Damit's immer Spaß macht

Spielen an den unterschiedlichen Orten, zu den verschiedenen Tageszeiten und mit vielfältigen Spielzeugen: Das erfreut selbst den hartnäckigsten (vierbeinigen) Stubenhocker.

Spielausdauer

Welpen verbringen viel Zeit mit Spielen, sowohl zusammen als auch allein. Wie und womit Welpen spielen verändert sich mit zunehmendem Alter, ebenso, mit welcher Ausdauer sie dies tun. Es ist ganz normal, dass die Spielhäufigkeit im Laufe des Heranwachsens abnimmt – bekanntermaßen spielen erwachsene Hunde wesentlich seltener als ihre jüngeren Artgenossen. Es lässt sich jedoch feststellen, dass die Tiere, mit denen im Welpen- und Junghundealter oft und abwechslungsreich gespielt wurde, im späteren Leben häufiger, intensiver und vor allem ausdauernder spielen als Hunde derselben Rasse, mit denen man in jungen Jahren kaum gespielt hatte.

Fürs gemeinsame Spiel mit Artgenossen heißt es: Halsband ab! Das hilft, Unfälle zu vermeiden.

Aufgeweckte Kerlchen

Spielerprobte Hunde lassen sich meist schneller für gemeinsame Unternehmungen begeistern, denn sie haben erkannt, dass es Spaß macht, mit ihrem Menschen zu spielen. Sie reagieren spontan auf optische oder akustische Signale ihres zweibeinigen Kumpels und wirken dadurch munterer und pfiffiger als manch anderer Vierbeiner. Das liegt sicher daran, dass die Tiere gelernt haben, ihren Menschen besser zu „lesen", denn das gemeinsame Spielen setzt zwangsläufig eine enge Interaktion zwischen Mensch und Hund voraus sowie ein individuelles Aufeinander-Eingehen. Schon allein deswegen ist Spielen lohnenswert.

Außer Rand und Band

Sicher gibt es gravierende Rasseunterschiede, was die Spielfreude eines Hundes betrifft. Wer kennt ihn nicht, den Border Collie, der beim Anblick seines Bällchens kaum mehr zu bremsen ist – egal, ob er sechs Monate oder sechs Jahre alt ist, und ob er als Welpe oft mit seinem Besitzer spielen konnte oder nicht?

Spielen? Och, lass mal!

Herdenschutzhunde geben sich eher bedeckt – egal, wie alt und spielerfahren sie sind. Und doch: Selbst bei diesen bemerkenswerten Hunden mit dem großen Beschützerwillen trägt frühzeitige Motivation (kleine) Früchte. Allerdings sollte man sich keiner Selbsttäuschung hingeben, und glauben, man könne Berge versetzen. Herdenschutzhunde sind zwar durchaus in der Lage, mit ihrem Besitzer das eine oder andere Spiel zu spielen, und zunächst begeistert dranzubleiben. Doch man braucht zum einen große Überredungskünste, um sie überhaupt zum Spielen zu motivieren, und zum anderen kann das Spielverhalten, bei bestimmten Bewegungsspielen etwa, rasch vom spielerischen Charakter abgleiten – sowohl bei Hunden untereinander als auch bei gemeinsamen Spielaktivitäten mit Menschen.

Beschützertypen

Möchte man mit Hunden, die aufgrund ihrer genetischen Anlagen zu den Beschützertypen gehören, spielen, sollte man ihren Charakter und die spezifischen Verhaltensweisen gut kennen und kleine mimische und gestische Hinweise immer ernst nehmen. Sonst kann das Spiel kippen und dann ist es gar nicht mehr lustig.

Des Weiteren sollte man (wie übrigens bei allen zur Eigenständigkeit neigenden Hunden) von Kampfspielen Abstand nehmen, dazu gehören auch die Zerrspiele. Denk- oder Geschicklichkeitsspiele eignen sich für diese Hunde viel besser.

In der Regel sollten Sie Ihren Hund zum Spielen auffordern. Gelegentlich können Sie auch auf seine Spielaufforderungen eingehen. Nur ständig drängen lassen dürfen Sie sich nicht!

Abwechslung ist gefragt
Spielfreude fördern

Die Bereitschaft zu Spielen wird durch häufiges Ausführen einer spielerischen Handlung nicht erschöpft, denn es fehlt der Ernstbezug wie das Fressen der erlegten Beute, die Sättigung und die sich einstellende Trägheit fürs Verdauungsschläfchen.

Hunde verlieren nicht gleich die Lust, wenn sie die Beute (zum Beispiel eine Frisbee-Scheibe) einmal gefangen haben, man kann sie schon im nächsten Augenblick neu motivieren. Woran liegt das? Hunde können im Spiel Teile des Jagdverhaltens ausleben, dazu gehört das Hinterherhetzen sowie das Packen und Schütteln der Beute. Und selbst einzelne Teile aus der Jagdsequenz wie das Verfolgen sind selbstbelohnend. Spielen wird einem von Natur aus spielfreudigen Hund demnach nicht langweilig. Aber es erschöpft ihn – in wohltuender Weise. Nutzen Sie das, um Ihren Vierbeiner mit minimalen Mitteln ausreichend zu beschäftigen und glücklich zu machen! Und, um ihm ganz nebenbei Entspannung zu bieten. Denn Spielen entspannt, und zwar ziemlich effektiv – nicht nur den hundlichen Organismus.

Take it easy!

Bestimmt haben Sie es selbst schon erlebt: Konzentriertes Training auf dem Hundeplatz, aber es will nicht klappen. Sie verkrampfen sich, werden ungehalten; Ihr Hund kapiert, so scheint es, gar nichts mehr. Nun lassen Sie „Fünfe grade sein", nehmen ihn zur Seite, rennen ein Stückchen gemeinsam, schicken ihn einige Male zum Apportieren einem Spielzeug hinterher und knuddeln ihn fürs famose Bringen. Was resultiert daraus? Ihr Vierbeiner ist wieder locker – und Sie auch.

Unvermittelt auftretende Spielunlust

Die Bereitschaft zu spielen kann sich eigentlich nicht erschöpfen. Wieso zeigt der eine oder andere Hund beim Spielen trotzdem Desinteresse? Wenn es weder an seiner Rassezugehörigkeit noch an mangelnder Spielerfahrung liegt, was könnte der Grund sein? Plötzliche Spielunlust kann ein Alarmsignal sein! Verweigert Ihr ansonsten spielfreudiger Vierbeiner auf einmal das gemeinsame Spiel, sollten Sie unbedingt kontrollieren, ob er verletzt oder anderweitig krank ist. Gehen Sie sicherheitshalber mit ihm zum Tierarzt.

Miese Laune?

Doch vielleicht möchte Ihr Vierbeiner im Moment einfach nicht mit Ihnen spielen, weil er Sie viel zu gut kennt? Hunde besitzen bekanntlich ein exzellentes Gespür für unser Befinden, speziell für unsere Stimmungslagen. Haben Sie keine Lust zum Spielen, merkt das auch Ihr Hund. Lassen Sie es diesmal lieber bleiben, es wird ohnehin keine lustige Spiel-Session werden.

Auf die Mischung kommt es an

Je abwechslungsreicher Ihr gemeinsames Spiel ist, umso vielfältiger sind die Eindrücke, die es bei Ihrem Hund hinterlässt, und umso erschöpfender und befriedigender wirkt es auf seinen Körper und seinen Geist. Und je mehr Freude das Ganze bereitet, umso motivierter wird er sein, auf Ihre Spielideen einzugehen. Spielen Sie also nicht immer nur „Bällchen werfen" mit

Ihrem Hund! Kombinieren Sie Bewegungsspiele mit Denkspielen, bei denen er seinen Grips einsetzen muss und seine Sinne schärfen kann. Bieten Sie Ihrem Tier mentale Beschäftigung und körperliche Auslastung! Verknüpfen Sie schnelle mit langsamen Spielelementen, geräuschvolle mit stummen. Verbinden Sie Tempospiele mit abrupten Stopps oder beispielsweise Springspiele mit Geschicklichkeitsübungen. So lernt Ihr Hund, seine Kräfte gezielt zu steuern.

Tipp

Vorsicht, Verletzungsgefahr

Variieren Sie auch beim Spielzeug. Verwenden Sie aber niemals Stöcke, Steine, Tannenzapfen oder Gegenstände aus brüchigem Kunststoff als Spielutensilien. Sie können zu Verletzungen führen.

Aus Alt mach Neu

Wenn Spielelemente häufig neu gemischt werden, und immer mal wieder unbekannte Spielutensilien ins Spiel kommen, hat das noch einen weiteren positiven Effekt: Die Neugierde Ihres Hundes wird gleich mit befriedigt. Denn jeder fremde Gegenstand, jede neue Situation verhindert eine Gewöhnung. Sie brauchen dazu übrigens keinen Spielwarenladen oder Heimwerkermarkt leer zu kaufen, um Ihr Arsenal aufzurüsten. Eine geruchliche Veränderung von Spielzeug, das den Hund nicht mehr vom Hocker reißt, tut es oft auch. Wie wäre es zum Beispiel mit ein paar Tropfen frischen Pansensuds, die Sie auf sein uninteressant gewordenes Apportel träufeln? Wetten, dass das Bringsel gleich unwiderstehlich wird?

Wissen, wann's genug ist: Züngeln, sich kratzen oder schütteln können Verhaltensweisen sein, mit denen ein Hund anzeigt, dass er momentan überfordert ist oder sich nicht wohl in seiner Haut fühlt. Beenden Sie die Übung und spielen Sie mit ihm.

So spielen Sie richtig

Fähigkeiten nutzen

Wenn Sie etwas mit Ihrem Hund unternehmen, sollten Sie seine natürlichen Fähigkeiten und Veranlagungen nutzen, ohne dabei Höchstleistungen zu verlangen. Hunde lernen besonders gern, schnell und nachhaltig,

→ wenn man sie möglichst von Anfang an keine Fehler machen lässt,

→ wenn man spontan gezeigtes erwünschtes Verhalten belohnt und damit verstärkt (= positive Bestärkung),

→ wenn man gewünschte Reaktionsweisen schon im Ansatz belohnt – so lässt sich das Verhalten formen (= shaping), also gezielt zum endgültigen Reaktionsmuster hinleiten,

→ wenn man Erfolge hervorruft, indem man geschickt mit Lockmitteln arbeitet; die vierbeinigen Schüler können so die Lösung selbst finden, das stärkt ihr Selbstvertrauen,

→ wenn man auf zahlreiche Wiederholungen setzt, bevor die nächste Schwierigkeitsstufe folgt.

Gezielt belohnen

Ob Sie Ihren Hund belohnen, indem Sie Ihre Stimme, ein Leckerli oder ein Spielzeug einsetzen, bleibt Ihnen überlassen. Je nach Temperament und jeweiliger Stimmungslage des Hundes können Leckerchen beziehungsweise Spielzeug unterschiedliche Verhaltensintensitäten bewirken – Futter beruhigt eher, ein wildes Tobespiel putscht auf. Entscheiden Sie deshalb ganz gezielt, worauf Sie im Einzelfall zurückgreifen möchten.

Clicker-Einsatz

Auch, ob Sie beim Üben mit oder ohne Clicker arbeiten möchten, können Sie nach Lust und Laune, und ebenso nach der Art des geplanten Spieles, entscheiden. Gerade Spiele, bei denen feinmotorische Reaktionen erwartet werden, lassen sich prima mit dem Knackfrosch trainieren und perfektionieren.

Die Spiel-Arena

Damit Ihr Hund generalisieren kann, spielen
Sie an allen erdenklichen Orten mit ihm (an
geeigneten versteht sich, also nicht etwa dicht
an einer viel befahrenen Straße, mitten im
Wald bei der Wildfütterung, direkt neben
einem Bienenstock, im Getreidefeld oder auf
einer Wildwiese während der Setzzeit). Ani-
mieren Sie ihn auch an unterschiedlichen
Tageszeiten. So gewöhnt er sich nicht an feste
Spielzeiten, sondern bleibt gespannt, weil er
auf die nächste Spieleinlage wartet. Planen Sie
dennoch das tägliche Spiel ein, denn nach den
Mahlzeiten sollten keinerlei heftige körperliche
Aktivitäten folgen – aber das wissen Sie ja.

Motivation und Spielfreude

Das Spielzeug muss
leben! Objekte, die
sich bewegen und
Geräusche von sich
geben, sind wesent-
lich spannender als
„tote" Objekte. Hunde
finden es besonders

fesselnd, wenn das Spielzeug „flieht" oder
Haken schlägt, und wenn es sich versteckt, um
danach plötzlich wieder auftauchen. Das alles
spricht ihre natürlichen Instinkte an und löst
sofort arttypische Verhaltensweisen aus, wie
verfolgen, festhalten und apportieren. Vermutlich sind gerade deshalb Beutefangspiele bei
Hunden so beliebt. Quietscht, fiept und wehrt
sich die „Beute", macht es doppelt so viel
Spaß.

Die Sache mit der Verfügbarkeit

Tipp

Räumen Sie das Spielzeug nach Gebrauch weg,
denn Ihr Vierbeiner verliert das Interesse, wenn
der gesamte Fundus rund um die Uhr zur Ver-
fügung steht. Ein Lieblingsspielzeug sollte er
aber behalten dürfen, damit er, falls ihn die
Spiellaune überkommt, sich nicht an anderen
Dingen vergreift.

2

In der warmen Jahreszeit

Frühlingserwachen

„Hey! Frauchen hat mich gerufen. Nix wie hin und nachschauen, was sie jetzt wieder ausgeheckt hat."

So sollte das Spielchen nicht aussehen. Im Gegenteil: Versuchen Sie, mit Ihrem Hund auf engstem Raum und ohne Spielzeug zu laufen und zu toben. Rennen Sie zum Beispiel ein Stückchen geradeaus, sodass er Ihnen folgen kann. Hat er Sie eingeholt, machen Sie kehrt, schlagen einen Haken und flitzen die Strecke zurück. Gehen Sie auch mal in die Hocke oder robben Sie gurrend am Boden entlang. Kommt Ihr Vierbeiner interessiert herbeigeeilt, stupsen Sie ihn am Hals, knuddeln ihn kurz oder springen unvermittelt auf und hüpfen davon.

Der Schnee ist geschmolzen, das erste Grün beginnt zaghaft zu sprießen: Zwei- und Vierbeiner drängt es nach draußen – zum gemeinsamen Spielen und Toben. Was aber mit der aufgestauten Energie anstellen? Wie soll man sie effektiv nutzen und doch möglichst gut kanalisieren, damit die nach der langen Winterzeit kaum trainierten Muskeln nicht überstrapaziert oder gar geschädigt werden? Behutsames Aufwärmen ist angesagt – zum Beispiel mit einem gemeinsamen Bewegungsspiel.

Kurze Animationseinlagen

Häufige Wechsel der Geschwindigkeit beziehungsweise Gangart und unerwartete Richtungsänderungen, abwechslungsreiche Geräusche – und gelegentlich auffordernder Körperkontakt – sind bei dieser Beschäftigungsart

Hüpfen, flitzen, robben, kriechen

Der Hund prescht davon – sein zweibeiniger Begleiter hat verständlicherweise nicht die geringste Chance, ihm auf den Fersen zu bleiben:

äußerst wichtig, damit es auch für den temperamentvollsten Vierbeiner prickelnd bleibt.

Hier spielt die Musik

Wird Ihr Hund zu schnell, oder lässt seine Konzentration nach, kann ein freundliches „Steh" sein Tempo drosseln und die Spannung wieder herstellen. Oder Sie gewähren sich einen kleinen Vorsprung, indem Sie ihm ein paar Brocken Trockenfutter ins Gras werfen, nach denen er zunächst suchen wird, bevor er Sie einholt. Oder, Sie reduzieren sein Tempo, indem Sie ihn kurz – wenn nötig mehrmals hintereinander und auf Entfernung – ins „Sitz" beordern, losstürmen und ihn mit „Komm" zum Spurt auffordern.

Fang mich, wenn du kannst

Wenn Sie Ihre ersten Bewegungsrunden im zeitigen Frühjahr lieber mit Spielzeug mögen, bitteschön! Ein weiches Stofftierchen, ein Spieltau oder ein Hartkunststoffball an einer Kordel befestigt – hinter den Beinen versteckt – unvermittelt hervorblitzen und fiepen lassen: Ihr Hund wird entzückt sein. Immer wieder wird er

versuchen, das Spielzeug zu fangen; alle Tricks wird er anwenden, Ihnen die Beute abzuluchsen.
Machen Sie es Ihrem Hund nicht zu leicht – allerdings auch nicht zu schwer. Denn das Spielzeug darf für ihn nicht völlig unerreichbar sein, sonst verliert er womöglich die Lust. Lassen Sie ihn deshalb hin und wieder zum Erfolg kommen. Dabei darf er das Spielzeug packen und totschütteln. Oder zerren Sie damit ein bisschen um die Wette.

Keep on moving

Bleiben Sie auch beim Spielen mit Spielzeug immer in Bewegung, das animiert Ihren Hund. Sprinten Sie auf und ab, laufen Sie Geraden, Haken, Kreise. Gehen Sie in die Hocke und lassen Sie das Spielzeug am Boden entlanghuschen, recken Sie sich und wedeln Sie damit in Armhöhe. Hoch, nieder – links, rechts: Das perfekte Hunde-Spiel.

„Ums Spielzeug zerren, wegwerfen, bringen: Ganz nach meinem Geschmack!"

Die „reizende" Angel

Das Spielzeug ergattert und damit aus dem Staub gemacht – kein noch so gewieftes Ablenkungsmanöver nutzt, ihn herbeizulocken und zum Abgeben zu bewegen: Gehört Ihr Vierbeiner auch zu dieser Sorte Hund? Dann sollten Sie sich eine Reizangel basteln, und damit Ihr Glück versuchen.

Zutaten für die Reizangel
Sie brauchen: Einen Besenstil, ein dünnes Sisalseil, eine leere PET-Flasche – und natürlich Spiellaune. Das eine Ende des Seils verknoten Sie gut mit dem Besenstil, das andere Ende schieben Sie, nachdem Sie ein Loch in die Flasche gebohrt haben, hindurch und setzen zwei feste Knoten. Möchten Sie mit Leckerchen arbeiten, füllen Sie welche in die Flasche und schrauben sie fest zu.

Was hast Du denn da?
Wenn Ihr Hund bei dem ganzen Prozedere zuschauen durfte, wird er ohnehin fast vor Neugier platzen. Ansonsten sagen Sie ihm jetzt Bescheid und bitten ihn nach draußen. Wählen Sie einen geräumigen Ort im Freien, am besten eine gemähte Wiese, denn für das turbulente Spiel mit dem langen Seil brauchen Sie viel Platz.
Ihr Hund sollte dabei möglichst nicht hochspringen, um das Spielzeug zu erreichen. Führen Sie das Seil mit der Flasche deshalb dicht am Boden. Schwingen Sie es zunächst langsam, dann immer schneller – zuerst geradlinig, dann ruckartig und aprupt mit „Hakenwurf". Richten Sie sich mit den Bewegungen unbedingt nach Ihrem Hund.

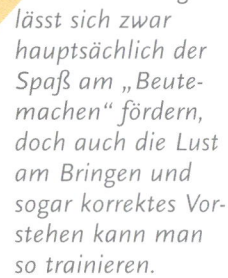

Mit der Reizangel lässt sich zwar hauptsächlich der Spaß am „Beutemachen" fördern, doch auch die Lust am Bringen und sogar korrektes Vorstehen kann man so trainieren.

Das Flatterband am Tennisball als Beuteersatz: Bewegen Sie die Reizangel immer weg vom Hund...

Mut zur Beute

Manche Tiere schrecken vor diesem Spielzeug zurück und müssen Mut fassen, um es zu verfolgen. Bei solchen Hunden gilt es, zunächst den Beutetrieb zu fördern, indem kleinräumiger mit der Reizangel gearbeitet wird. Auch anregende Geräusche erweisen sich als hilfreich. Andere Hunde wiederum haben keine Hemmungen und sind beim Nachjagen kaum zu bremsen – mit dem Bringen hapert es jedoch. Für solche Hunde ist die mit Leckerchen befüllte Flasche ideal. Die können sie packen und umhertragen, doch es gibt nichts, wenn sie das Weite suchen, sondern nur dann, wenn sie die Flasche zu ihrem Zweibeiner bringen.

Erwischt

Sobald Ihr Hund die flüchtende Flasche ergattert hat, stoppen Sie die Bewegungen der Reizangel und rufen ihn zu sich. Bleiben Sie dabei in Bewegung und machen sich durch Laute interessant. Hüpfen Sie zum Beispiel in die entgegengesetzte Richtung und locken Sie Ihren Vierbeiner durch Gesten und Geräusche herbei. Notfalls können Sie leicht am Seil rucken, um ihn herbeizulotsen. Zerren Sie aber nicht zu stark, sonst fällt ihm die Flasche womöglich aus dem Fang.

Fein gemacht

Kommt er, loben Sie ihn überschwänglich. Nehmen Sie ihm die Flasche nicht gleich ab, sondern laufen Sie ruhig noch ein paar Meter mit ihm umher. Dabei loben Sie Ihren Hund immer wieder für das brave Tragen („Fein fest"). Wenn er dicht neben Ihnen ist, kraulen Sie ihn am Hals. Seine „Beute" berühren Sie zunächst noch nicht. Ihr Hund soll erkennen, dass Ihre Nähe

→ **Apportiertrieb wecken**

Der Beutetrieb ist bei den meisten Hunden gut entwickelt, viele wollen die Beute jedoch nicht bringen. Mit der Reizangel lässt sich auch die Lust am Bringen fördern. Denn, nur wer das Bringsel brav herbeischafft und abgibt, bekommt ein Leckerchen für seine Leistung. Das Reizangel-Spiel eignet sich also auch prima als Vorübung fürs korrekte Apportieren. Binden Sie anstelle der Flasche einfach ein Spielzeug oder ein Dummy an das Seil.

nicht unbedingt bedeutet, dass er seine Beute sofort abgeben muss! Allmählich gehen Sie dazu über, die Beute immer wieder mal anzutippen. Schließlich nehmen Sie ihm die Flasche aus dem Fang (falls erforderlich beherzt, aber niemals grob!), öffnen unter großem Brimborium den Verschluss und lassen einige Leckerchen in Ihre Hand kullern, die Sie Ihrem Hund reichen. Wiederholen Sie dieses Spiel nicht zu oft. Zwei- bis dreimal hintereinander reicht für den Anfang.

... so kann er dem flüchtenden Objekt nachjagen und es schließlich stellen und packen.

Freude am Bringen
Apportieren – nicht nur für Retriever

Welpengerecht: Die Steadiness lernt er später…

Gegenstände vom Boden aufnehmen, sie umhertragen und mit nach Hause schleppen: Viele Hunde haben diese Verhaltensweisen im Blut. Gehört Ihr Vierbeiner auch zu den apportierfreudigen Begleitern? Nutzen Sie es und fördern Sie das Verhalten gezielt. Hat Ihr Hund erst einmal gelernt, einen ganz bestimmten Gegenstand auf Aufforderung hin zu apportieren, lassen sich zahllose Varianten erfinden, mit denen Sie ihn beschäftigen und ständig aufs Neue fordern können. Ob Augen- oder Nasenleistung, ob Gedächtnis oder Geschicklichkeit – mit Apportierspielen lassen sich diese Fähigkeiten hervorragend schulen.

Früh übt sich

Stellt sich die Frage: Wann beginnen und wie? Die einfache Antwort lautet: Bereits beim Welpen und zwar so:

In einem möglichst schmalen kurzen Flur (mit nicht allzu glattem Boden) breiten Sie die Decke Ihres Hundes aus, nehmen mit ihm darauf Platz und halten ihn sanft fest. Unter jubelnden Geräuschen werfen Sie nun ein Spielzeug aus oder rollen es über den Boden – zwei bis drei Meter weit genügt. Ihr Welpe wird es kaum erwarten können, dem interessanten Objekt hinterherzulaufen. Also lassen sie ihn. Er wird es sicher gründlich untersuchen, es vielleicht sogar zwischen die Kiefer nehmen: Sagen Sie ihm gleich, wie toll Sie das finden, und locken Sie ihn – während er das Spielzeug im Fang hält – wieder zu sich auf die Decke. Eilt er herbei, loben Sie ihn herzlich und knuddeln ihn. Das Spielzeug darf er noch einen Moment behalten, bevor Sie es ihm abnehmen, um es erneut zu werfen.

…ein freudiger Spurt zum Dummy, ein Satz zum Bergen der Beute…

Startschwierigkeiten

Hat Ihr Kleiner keine Lust, zu Ihnen zurückzukommen, weil andere Dinge momentan wichtiger für ihn sind, locken Sie ihn kräftig und machen sich furchtbar interessant, etwa indem Sie sich an seiner Kuscheldecke zu schaffen machen. Kauern Sie sich hin, damit Sie möglichst klein erscheinen. Oder lehnen Sie Ihren Oberkörper so weit wie möglich zurück. Auch das wirkt für den kleinen Vierbeiner weniger bedrohlich, als wenn Sie sich – mit ausgebreiteten Armen – nach vorn beugen. Bestimmt kommt er nun lieber herbei. Loben jetzt nicht vergessen, streicheln und spielen Sie mit ihm!

Eingeschränkte Fluchtmöglichkeiten

Gibt es doch Schwierigkeiten mit dem Herankommen, rücken Sie mitsamt Decke näher an das Ende des Flurs, um seinen „Fluchtraum" einzuschränken. Bevor Sie das Bringsel auswerfen, spielen Sie auf engem Raum mit ihm. Das fördert seine Bringfreude bestimmt. Sollte Ihr Vierbeiner das Spielzeug gar nicht aufnehmen wollen oder auf dem Weg zu Ihnen ausspucken, schimpfen

Sie nicht. Probieren Sie das Ganze einfach noch mal. Will es überhaupt nicht klappen, erzwingen Sie nichts. Gehen Sie lieber mit Ihrem Kleinen zum Spielzeug, lassen es ihn greifen (notfalls kicken Sie es leicht an, damit es wieder „lebendig" wird), und spazieren anschließend gemeinsam ein bisschen durch den Flur. So lernt er, das Bringsel festzuhalten. Steuern Sie wie beiläufig die Kuscheldecke an, setzen sich hin und loben Sie ihn dort gebührend für die erstklassige Leistung.

Nur kein Frust

Spielen Sie das Apportierspiel nicht zu lange – weder aus lauter Begeisterung, weil es so gut funktioniert, noch aus Frust, weil es nicht so recht klappen mag. Nach drei bis vier Übungen ist Schluss. Sollte das, was Sie sich vorgenommen haben, nicht klappen, brechen Sie die Übung nicht resigniert ab. Verändern Sie lieber Ihre Vorgehensweise, indem eine Teilübung entsteht, die Ihr Hund mit Sicherheit mit Bravour erledigen wird. Dafür loben Sie ihn kräftig. Nie sollte eine gemeinsame Beschäftigung ohne Bestätigung oder gar mit einer Enttäuschung für ihn enden.

…und nichts wie zurück damit zu Frauchen.

Perfekter Apport?
Nicht alle sind Profis

Ihr (erwachsener) Hund sitzt aufmerksam, idealerweise links neben Ihnen. Sie werfen das Bringsel durch die Lüfte, trotzdem verharrt er vollkommen reglos an Ort und Stelle (steadiness heißt dieses lobenswerte Verhalten). Sobald Sie ihn mit „Apport" schicken, flitzt er los, schnurstracks zum Dummy hin, nimmt es auf, und stürmt – das Bringsel akkurat zwischen den Kiefern platziert – auf direktem Weg zu Ihnen zurück, setzt sich akkurat vor Sie hin und lässt seine Beute erst dann in Ihre Hände fallen, wenn Sie ihn mit „Gib aus" dazu auffordern.

Der Apportier-Alltag

So mustergültig klappt es allerdings nur beim Profi. Oft schleichen sich Fehler ein, die den Zweibeiner fast verzweifeln lassen. Doch zur Verzweiflung besteht kein Anlass. Manche Verhaltensweisen, wie die routinierte steadiness oder das Vorsitzen beim Abgeben beispielsweise, sind für ein lustiges Apportierspiel nicht unbedingt nötig. Also mühen Sie sich nicht, wenn Ihr Hund es einfach nicht kapieren will. Feilen Sie stattdessen lieber an den unverzichtbaren Einzelschritten, und üben Sie diese.

Apportierspiele lassen sich sehr variabel gestalten, sodass auch Senioren, Pummelchen oder Hunde mit gesundheitlichen Beeinträchtigungen mitmachen dürfen.

Beginnen Sie dort mit dem Üben, wo der Hund nicht abgelenkt ist; sobald das Bringen gut klappt, wechseln Sie an Orte mit mehr Action.

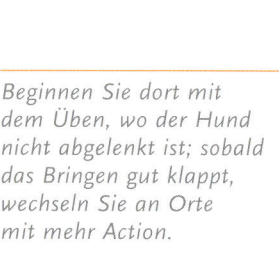

Ein Frühstart nach dem anderen?

Startet Ihr Vierbeiner jedoch jedes Mal, wenn Sie bloß die Hand zum Wurf anheben, probieren Sie's mal hiermit: Anstatt das Bringsel zu werfen, legen Sie es – während Ihr Hund im „Sitz" auf Sie wartet – in aller Ruhe auf den Boden, dann erst schicken Sie ihn los, um es zu holen. Oder Sie werfen es aus, holen es aber hin und wieder selbst (notfalls, während ein Helfer Ihren Vierbeiner festhält). Beides wirkt sehr beruhigend auf die „Schnellstarter" und ermöglicht auch ihnen die Chance auf vielfältige Apportierspiele.

Das Timing muss stimmen

Haben Sie einen Hund, der Ihnen das Bringsel stets vor die Füße „spuckt", anstatt es solange festzuhalten, bis Sie

es mit den Händen entgegennehmen können? Dann achten Sie einmal darauf, wie Sie sich während des Apports verhalten. Wann loben Sie Ihr Tier? Beim Aufnehmen des Dummies: Prima. Beim Herbeibringen des Dummies: Auch prima. Nach dem Ausgeben des Dummies: Stopp! Hier hat sich ein Fehler eingeschlichen. Warum? Weil Sie, wenn Sie Ihren Hund jetzt loben, das Ausgeben bestätigen und nicht das Festhalten. Loben Sie ihn also nur, solange er das Bringsel noch fest im Fang hält.

Anders ist es bei einem Hund, der sein Bringsel nicht loslassen möchte. Hier darf man das Festhalten nicht übermäßig bestätigen, sondern das Loslassen. Ein solcher Hund wird überschwänglich gelobt, sobald er sein Apportel hergegeben hat.

Apportieren soll Spaß machen: Nachdem der Vierbeiner schnell und freudig mit dem Dummy zurückgekommen ist, darf er sein Bringsel noch eine Weile tragen, bevor man es ihm abnimmt.

Mampfend und im Stechschritt über die Wiese: Die meisten Hunde lernen solche Kunststückchen schnell. So kann man auch die Wartezeit vor einer Prüfung oder Hundeausstellung überbrücken.

Ist der erste Dampf abgelassen, sind die meisten Hunde gern auch für geruhsamere Beschäftigungsrunden oder Geschicklichkeitsspiele bereit, dem „Um die Beine kreisen" etwa.

Von Nullen und Achten, Kringeln und Kreisen

Ob Ihr Hund nun eine Null oder Acht vor oder neben Ihrem Körper beschreiben oder ob er zwischen Ihren Beinen hindurchflanieren soll: Einige Leckerchen in jeder Hand erleichtern den Lernprozess enorm. Sie können Ihren Hund damit (fast) überallhin locken. Nur eines dürfen Sie damit nicht tun: Ihn an der Nase herumführen. Hat er einen kleinen Schritt in die richtige Richtung getan, belohnen Sie ihn immer sofort dafür und geben ihm sein verdientes Leckerchen! Günstig ist es, in jeder Hand ein paar verlockende Käsebröckchen o. Ä. zu halten, dann

muss man die Futterstückchen nicht ständig von einer Hand in die andere nehmen. So vermeiden Sie auch, dass Ihr Hund mehr damit beschäftigt ist, Ihre fortwährenden Leckerchen-Transaktionen zu beobachten, als sich auf die eigentliche Übung zu konzentrieren.

Kleine Vorführung zu Musik

Nehmen Sie sich nicht gleich eine große Choreografie vor, sondern gehen Sie jedes Bruchstückchen einzeln an. Dann bleibt Ihr Hund bei der Stange und verliert nicht die Laune. Wenn Sie mögen und es Ihre Nachbarn nicht stört, können Sie die Übungen auch wunderbar mit musikalischer Untermalung in Angriff nehmen. Beginnen Sie beispielsweise so:
Ihr Hund sitzt links von Ihnen. Sie lassen ihn dort einen Kreis, zum Beispiel gegen den Uhrzeigersinn, laufen –

Leckerchen! Sie schicken ihn auf Ihre rechte Seite: Dort folgt derselbe Ablauf, eventuell im Uhrzeigersinn – Leckerchen! Das Ganze wiederholen Sie einige Male (jeweils die Belohnung nicht vergessen!). Beenden Sie die Übung, bevor Ihr Hund unaufmerksam wird. Nun kommt eine neue Herausforderung: Der Weg zwischen Ihren Beinen hindurch.

Durch die Beine – fertig – los!

Ihr Hund sitzt beispielsweise rechts von Ihnen. Sie machen mit dem linken Bein einen großen Schritt nach vorn und locken ihn (mit Ihrer linken Hand auf Höhe Ihrer Kniekehle) zwischen Ihren Beinen hindurch. Links von Ihnen angekommen darf er sich setzen, muss er aber nicht. Und weiter geht das Spielchen, bei dem hund sich so manches Leckerchen einverleiben darf: Also mit dem rechten Bein einen Schritt gehen und mit der rechten Hand den Hund zu Ihrer Linken durch die Beine lotsen, usw.
Wiederholen Sie auch diese Übung einige Male. Und vergessen Sie nicht, schön große Schritte zu machen und

Ihren Hund bei jedem Stückchen Weg zu belohnen! Wenn Sie möchten, können Sie nun schon eine kleine Vorstellung geben: Links ein Kreis, rechts ein Kreis, dann ein kurzer Zickzackparcours zwischen Ihren Beinen hindurch: Bravo! Und Schluss für heute.

Slalom einmal anders

Es brauchen nicht immer Beine, Bäume oder die professionellen Agility-Stangen zu sein, um die Sie Ihren Hund „herumbuxieren": Pfiffige Kreationen aus buntem Spielzeug und Haushaltskisten tun es auch. Beim ersten Durchgang arbeiten Sie am besten wieder mit Leckerchen. Später braucht Ihr Hund bestimmt nicht mehr nach jeder Kiste, die er geschickt umrundet hat, eine Belohnung. Für Fortgeschrittene kann man auch Spielsachen oder verführerisch duftende Leckerbissen auf den Kisten drapieren, die der Hund „links liegen lassen" muss. Auch das Abrufen durch eine Gasse aus Spielzeug beziehungsweise Fressbarem ist ziemlich schwierig und bedarf bestimmt auch bei Ihrem Vierbeiner eines gemeinsamen Parcoursdurchganges an der Leine!

Viel Übung braucht es, bis der Vierbeiner den Slalomparcours allein meistert, und bis er gelernt hat, sich dabei einmal links bzw. rechts neben einem Eimer zu setzen, bevor er weitermarschiert.

Verstecken ist angesagt
Die „verlorenen" Habseligkeiten

Sollte Ihr Vierbeiner einmal nicht so konzentriert und begeistert bei der Sache sein wie diese Labradorhündin, stecken Sie ihn einfach mit Ihrer guten Laune an.

Eiersuchen

Nicht nur an Ostern sollte das nahrhafte Spielchen auf der Tagesordnung stehen. Für unsere drei Hündinnen jedenfalls gibt es zweimal pro Woche ein Ei, hart gekocht mitsamt Schale. Allerdings bekommen sie den leckeren Happen nicht in ihrem Napf serviert. Sie müssen ihn im Garten suchen, selbst wenn es regnet. Jeder wird einzeln losgeschickt, damit es kein Durcheinander gibt. Die Ranghöchste ist zuerst an der Reihe.

Und so geht's

Ich halte der Hündin das Ei vor die Nase: „Siehst Du, was ich hier Gutes habe?", dann verschwinde ich nach draußen und verstecke das Ei, ohne dass mich die Hündin beobachten kann. Je nach Können der drei wähle

ich unterschiedlich schwierige Orte (offen auf Asphalt, auf kurz gemähtem Gras, zwischen höheren Halmen, mit Laub oder Grasschnitt bedeckt oder zum Beispiel unter einer dünnen Erdschicht verborgen), und natürlich möglichst nicht an derselben Stelle wie beim letzten Mal. Dann kehre ich ins Haus zurück und schicke die Hündin los: „Such Osterei".

Suchen mit Begeisterung

In der Regel spurten die Hunde – ihre Nasen dicht am Boden – auf meiner Trittspur entlang. Dort, wo die Spur endet, suchen sie dann kleinräumig im Karree. Denn ich lege das Ei natürlich nicht direkt vor meinen Füßen ab, bevor ich wende, sondern recke mich, soweit ich nur kann, um es zu verstecken.

Endet das Trittsiegel an einem Hindernis wie einem Busch oder Bäumchen (und die Hunde haben am Boden nichts entdeckt), schauen sie nach oben und schnuppern zwischen den Ästen. Denn auch dort könnte das Ei des Kolumbus aufs Entdecktwerden warten.

Spaziergang mit Überraschungseiern

Das Eiersuchen ist ein einfaches Spiel, das Sie auch auf Ihrem gemeinsamen Spaziergang einflechten können: Stecken Sie sich das gegarte Ei einfach in die Jackentasche, bevor Sie losmarschieren und verlieren Sie es irgendwo. Machen Sie Ihren Hund nach ein paar Metern auf den Verlust aufmerksam – er wird Ihnen sicher sofort bei der Suche behilflich sein. Natürlich können Sie auch einen anderen Leckerbissen verlieren. Schicken Sie Ihren Hund zurück. Er wird ihn finden. Wenn nötig, helfen Sie ihm ein wenig dabei. Entfernen Sie sich anfangs nicht zu weit vom späteren Fundort, sonst wird die Suche für einen unerfahrenen Hund zu schwierig – zudem könnte sonst auch ein „Dieb" zuschlagen.

Wenn Sie nicht möchten, dass Ihr Vierbeiner unterwegs etwas Fressbares aufnimmt, verlieren Sie sein Spielzeug und schicken ihn dieses suchen.

Rudelmitglied vermisst

Bei jüngeren unerfahrenen Hunden klappt es auch, wenn ein Familienmitglied beim Spaziergang immer mehr zurückbleibt, um sich dann heimlich hinter einem Baum oder zwischen Maisstauden zu verstecken. In Suchspielen versierte Tiere hingegen lassen sich meist nicht mehr so leicht hinters Licht führen. Ständig sind sie auf der Hut und beobachten, ob das Rudel noch vollzählig ist. Da kann sich fast niemand unerkannt davonstehlen … Einen Versuch wert ist es aber schon. Machen Sie Ihren Vierbeiner auf den Verlust aufmerksam und schicken Sie ihn mit auffordernden Worten (z. B. „Such Toni!") auf den Weg zurück.

Erfolg spornt an: Geben Sie Ihrem Hund deshalb die Chance oft fündig zu werden!

Sommerfreuden
Scheibenfangen für Flinke

Herrlich: Die Wiesen sind abgemäht – endlich Platz für raumgreifende Aktivitäten. Nutzen Sie diese Gelegenheit, denn bald schon ist das Gras wieder hochgeschossen und es folgt die Setzzeit. Keinesfalls dürfen Sie dann durch die hohen Halme brechen, auch nicht, wenn es Ihrem Vierbeiner noch so gefallen würde. Selbst ohne Jagdtrieb kann er Schaden anrichten, zum Beispiel, wenn er durch seine Anwesenheit Wildtiere aufscheucht.

Fliegende Scheiben
Ein flottes Frisbee-Spiel – wäre das nicht eine tolle Idee? Dafür braucht man nämlich einen weichen ebenen Untergrund ohne Untiefen. Außerdem sind die Temperaturen im Frühsommer oft noch recht moderat, sodass der Vierbeiner nicht so schnell aus der Puste kommt. An ausdauernde Bewegung ist er durch Ihre Frühjahrsspiele ja bereits gewöhnt, also los geht's!

Willst Du's wirklich?
Zum Einstimmen, und für Hunde, die den schwebenden Teller noch nicht kennen, beginnen Sie am besten auf diese Weise:
Zeigen Sie Ihrem Hund die Frisbee-Scheibe und erwecken Sie diese mit Geräuschen und Bewegungen zum Leben. Werfen Sie die Scheibe ein paar

Das turbulente Wurfscheibenfangen eignet sich nur für gesunde, bewegungsfreudige, gelenkige und apportierbegeisterte Hunde.

Geschmeidige, biegsame Frisbees sind sicherer als solche aus brüchigem Hartkunststoff – außerdem lässt sich damit ausgezeichnet um die Wette zerren.

Werfen Sie die Scheibe nicht zu hoch, damit sie nicht plötzlich abfällt und den Hund irritiert oder gar verletzt. Anfangs reicht die doppelte Körperhöhe des Hundes. Und werfen Sie auch nicht zu weit, damit Ihr Tier überhaupt eine Chance hat, das fliegende „Ufo" zu fangen. Und ganz besonders wichtig: Zielen Sie beim Werfen nie direkt auf den Hund! Das Verletzungsrisiko beim Fangen ist sehr hoch.

„Flughunde" trainieren

Mit hohen Sprüngen und strammem Nachspurten sollten Sie erst beginnen, wenn der Hund geübter ist, und wenn er eine mehrminütige Aufwärmrunde hinter sich hat. Denn die Belastung für sein Herz-Kreislauf-System und speziell für Muskeln und Gelenke ist bei dieser Beschäftigung enorm, auch wenn sie nur spielerisch betrieben wird. Unterbrechen Sie das Spiel deshalb gelegentlich. Gönnen Sie Ihrem Spielpartner eine kurze Pause im Schatten und bieten Sie ihm Wasser an.

Für gesunde Athleten

Beginnen Sie auch nicht zu früh mit solchen Übungen (Ihr Hund sollte mindestens zwölf Monate alt sein), und spielen Sie das Frisbeefangen niemals mit einem gelenkkranken Tier. Gesunde Gelenke sind die wichtigsten Voraussetzungen für dieses Fitness-Spiel. Selbst wenn das Frisbee nicht besonders hoch geworfen wird oder aus schwierigen Positionen heraus gefangen werden muss wie beim wettkampfmäßigen Scheibenfangen: Das Verbiegen und Drehen der Wirbelsäule beim Hochspringen und natürlich das anschließende Aufkommen und Abfangen des Körpers belastet den Skelettapparat des Hundes erheblich.

Aufmerksam wird die Flugbahn des Ufos verfolgt und zum Sprung angesetzt... Perfektion ist hier nicht gefragt, Spaß soll's machen!

Mal in die Luft und fangen Sie sie wieder auf. Sind gerade einige Zweibeiner zur Stelle, werfen Sie das Frisbee vom einen zum anderen. So wird es bald unwiderstehlich für Ihren Vierbeiner werden – der im Moment aber noch nicht mitmachen darf. Kann Ihr Hund seine Begeisterung kaum noch zügeln, ist er an der Reihe.

Wurftechnik für Einsteiger

Rollen Sie das Frisbee zunächst über den Boden, damit er ihm folgen und es greifen kann. Haben Sie einen Frisbee-Ring, können Sie auch ein wenig Tau ziehen. Dann erst werfen Sie das Frisbee durch die Luft – am besten mit einer Rückhand, damit die Scheibe genügend Drall bekommt.

Ab, auf die Wiese!
Der Heuballen lebt

Stolz präsentiert sich die pfiffige Labradorhündin in luftiger Höhe: Spielmöglichkeiten bieten sich fast überall, man muss bloß kreativ sein.

Carol hatte gelernt, erst auf Tröten aus ihrem Versteck zu kommen. Alle anderen Geräusche musste sie ignorieren.

Abgemähte Wiesen bieten wesentlich mehr als nur Platz zum Toben. Die vielerorts lagernden Heuballen geben vorzügliche Spielgeräte ab. Hoch- und Hinunterspringen kann hund nach Herzenslust. Auch „Sitz", „Platz", „Steh", „Pfötchen geben" oder „Männchen machen" kann er dort oben vorführen. Handelt es sich um flache Heuquader, lässt sich das Ganze auch als Hürdenparcours zum Überspringen oder als Slalomstrecke gebrauchen. Und Rundballen stellen großartige Verstecke dar: für Mensch und Hund.

Rund um die Rundballen
Lassen Sie Ihren Hund absitzen beziehungsweise von jemandem festhalten, und verschwinden Sie vor seinen Augen hinter einem Rundballen.

Rufen Sie ihn. Er wird Sie sicher sofort finden. Schwieriger wird es, wenn er Sie beim Verstecken nicht mehr beobachten kann – wenn Sie ihn also beispielsweise hinter einer der Rollen ins „Sitz" bzw. „Platz" beordern, sich hinter einer anderen verstecken und ihn anschließend rufen.

Wo bist Du nur?
Lassen Sie Ihren Hund ruhig etwas forschen. Helfen Sie ihm erst, wenn er Sie nach längerem Suchen nicht entdecken kann – indem Sie Geräusche machen, seinen Namen rufen oder Ihre Hände hinter der Heu-Rolle hervorlugen lassen.

Lassen Sie Ihren Hund aber nicht solange umherirren, dass er in Panik gerät. Es könnte ihn stark verunsichern und ihm den Spaß am Suchen gründlich verderben.

Finderlohn

Hat er Sie gefunden, gibt es natürlich ein Freudenfest. Ein großes Leckerchen hat sich Ihr Vierbeiner jetzt verdient oder ein kleines Zerr- beziehungsweise Apportierspiel. Anschließend können Sie sich erneut verstecken – oder ein ganz neues Spielchen am Heuballen erfinden. Solange Sie die Arbeit der Landwirte bei Ihren Spielen nicht zerstören, sind Ihrer Fantasie keine Grenzen gesetzt. Eine Möglichkeit ist das „Drunter durch und Drüber weg aus dem Versteck".

Drunter durch und drüber weg

Lassen Sie Ihren Hund zunächst links neben dem Rundballen absitzen. Sie gehen nun außer Sicht auf die rechte Seite des Ballens. Nun rufen Sie ihn zu sich. Ihr Vierbeiner sollte von Übung zu Übung immer flotter angeflitzt kommen. Prima! Leckerchen.
Im nächsten Schritt stecken Sie einen Spazierstock (falls vorhanden; sonst tut es auch ein stabiler Ast) vorn in den Ballen und lassen Ihren Hund auf Aufforderung darüberspringen. Zuerst pieksen Sie den Stock ganz unten in den Ballen. Sobald er das Prozedere verstanden hat, erhöhen Sie in kleinen Schritten, bis er sich richtig anstrengen muss, um es darüber zu schaffen. Der Knauf weist hierbei stets nach unten, damit der vierbeinige Turner nicht daran hängen bleibt und sich verletzt. Hat Ihr Hund kapiert, worum es geht, schicken Sie ihn neben den Ballen in

Warteposition. Erst wenn Sie sich mit einem Leckerli in der Hand auf der gegenüberliegenden Seite postiert haben, rufen Sie ihn über die Hürde zu sich. Die meisten Hunde kapieren den Spielablauf sofort. Klappt es wider Erwarten nicht auf Anhieb, bleiben Sie beim nächsten Mal ungefähr einen Meter vor der Hürde stehen, damit er Sie noch im Blick hat.

Für Kriechtiere

Funktioniert die Übung gut, bringen Sie Ihrem Hund bei, unter dem Hindernis hindurchzulaufen. Zunächst bleibt ein großer Abstand zum Boden, nach und nach verringern Sie die Durchgangshöhe, sodass er nur noch robbend unter dem Stock hindurchkommt. Wenn Sie einen Spazierstock verwenden: Der Knauf zeigt jetzt nach oben. Zum Abschluss rufen Sie Ihren Vierbeiner aus dem Versteck unter dem Hindernis hindurch zu sich.

Den Spazierstock zur Hürde umfunktioniert und den Hund mit Lob und Leckerli auf den richtigen Weg gelotst – einmal obendrüber…

…einmal drunterdurch. Da wird selbst der molligste Labi zur Flunder.

Nicht bloß zum Waschen da
Wasser-Spiele

Hochsommer: Sengende Sonne und schwüle Hitze – da tun Schatten und Abkühlung gut, ja, können sogar lebensrettend sein. Hunde mit dichtem, langem Haarkleid leiden viel stärker unter der Wärme als die mit einem dünnen Fell. Trotzdem darf man nicht glauben, die Dünnfelligen würden alles aushalten. Leider wird Hunden in dieser Hinsicht viel zu viel zugemutet.

Ihm ist kein Ufer zu steil – dem heiß begehrten Bringsel zuliebe. Weniger geländegängige Vierbeiner haben beim Ausstieg manchmal Mühe mit steilen oder sumpfigen Böschungen.

Swimming-Pool für Hunde
Wunderbar ist es, wenn sich Ihr Vierbeiner schwimmend Abkühlung verschaffen kann. Ein langsam fließendes Gewässer ist dafür ideal. Bei schnellen Fließgewässern, stark verschmutztem Wasser, aber auch bei kleinen stehen-

den Gewässern und Brackwasser-Seen sollte man vorsichtig sein, da sie vor allem während der heißen Jahreszeit von Algen übersät sein können. Gelangen die Algen in größerer Zahl in den Körper des Hundes (übers Maul bzw. über die Hautoberfläche!) drohen Vergiftungssymptome.

Für Wellenbrecher
Achten Sie darauf, dass der Einstieg ins Wasser nicht zu steil, und dass das Ufer nicht mit Scherben übersät ist, damit sich Ihr Hund nicht verletzen kann. Denn einmal kühles Nass gewittert, rasten manche Wassernarren förmlich aus und spurten dann unzählige Male vom Land ins Wasser und wieder

Apportierspiele im Wasser

Wie wäre es mit einem Apportierspiel im flachen Wasser? Wahrscheinlich wird es Ihrem Vierbeiner angesichts des aufs Wasser platschenden Bringsels noch schwerer fallen, brav an Ihrer Seite zu verharren, bis Sie ihn zum Apportieren schicken. Bleiben Sie trotzdem ruhig und bestimmt. Bei seiner Rückkehr wird er sich garantiert direkt neben Ihnen schütteln. Ob er das tut, bevor er das Dummy an Sie übergeben hat oder erst danach, ist für das spielerische Apportieren (anders als fürs professionelle) gleichgültig. Hauptsache ist, er bringt das Bringsel zu Ihnen – egal, ob Wasserdummy, Kunststoffente oder Schwimmring. Werfen Sie das Apportel anfangs nicht zu weit hinaus. Ihr Hund sollte unbedingt erfolgreich sein und das Bringsel erreichen können. Wenn Sie Zweifel haben, ob er es wirklich bringen wird, binden Sie es einfach an eine Schnur. Dann können Sie es im Bedarfsfall wieder an Land ziehen.

Ein Gewässer ohne Strömung und schwimmfähige Dummies eignen sich für Apportierspiele im kühlen Nass am besten.

zurück, ohne auch nur einen einzigen Blick auf „Nebensächlichkeiten" zu verwenden. Daher müssen Sie ein wenig Weitsicht zeigen und für Ihren „verblendeten" Vierbeiner mitdenken. Lassen Sie Ihren Hund auch nicht in ein unbekanntes Gewässer springen! Er könnte sich dabei schwer verletzen. Der Hund, aufgespießt auf einem Ast oder Metallstück, das unter der Wasseroberfläche verborgen lauert: ein Alptraum. Am Meer müssen Sie ein Auge darauf haben, dass Ihr Vierbeiner weder zu weit hinausschwimmt noch bei hohem Wellengang ins Wasser geht. Zu viel Salzwasser trinken sollte er bei seinen Spielaktivitäten auch nicht – das kann Durchfall verursachen.

Wasserscheue

Gehört Ihr Hund zu jenen, die „wie der Storch im Salat" durchs Wasser staksen und sich nie weiter wagen als bis zur Bauchlinie? Gehen Sie doch mal mit Ihrem Hund zusammen schwimmen oder werfen Sie ihm ein schwimmfähiges Dummy ins Wasser. Das hilft den Vierbeinern oft, ihre Wasserscheu zu überwinden. Sollten auch diese Versuche erfolglos bleiben, erzwingen Sie nichts! Akzeptieren Sie einfach, dass Ihr Hund keine „Wasserratte" ist.

Lebensfreude pur! Nach „Tauchgängen" bitte die äußeren Gehörgänge des Hundes trocken tupfen, damit keine Mittelohrentzündung entsteht!

Im Garten
Ausgrabungen und Akrobatik

Den Hund einmal Hund sein lassen...

Ob am Sandstrand, auf Wiesen oder im heimischen Garten: Die meisten Hunde sind enthusiastische Buddler. Auf Äckern und Weiden sollten Sie Ihrem Tier das Buddeln zwar nicht gestatten, aber wie steht's mit dem herrlich weichen Sand am Strand? Wenn sich Ihr Vierbeiner dazu einen Hundestrand aussucht und Sie den Krater nach Gebrauch wieder zuschütten, hat bestimmt niemand etwas dagegen. Zuhause einen eigenen Buddelplatz für den Hund einzurichten, ist allerdings das Allerbeste und vor allem auch das Sicherste, denn so große Mäusepopulationen wie auf einem Getreideacker dürfte es auf einem gepflegten Rasen oder Blumenbeet vermutlich nicht geben. Mäuse sind nämlich für viele Hunde der eigentliche Auslöser fürs Graben. Doch glücklicherweise lässt sich ihr Interesse umlenken – auf verbuddelte Leckerchen zum Beispiel.

Das Buddeln in feuchter Erde und im Sand lieben alle Hunde. Steigt zudem noch der Duft vergrabener Leckerbissen in ihren Riecher, gibt's kein Halten mehr...

Buddeln, bis die Ballen brutzeln

Suchen Sie zunächst eine geeignete Stelle aus (weit entfernt von giftigen Zierpflanzen oder Ihrem Rosen- bzw. Erdbeerbeet) und vergraben Sie dort, nicht zu tief, ein paar größere, unwiderstehlich lecker duftende Goodies. Lassen Sie Ihren Hund dabei zusehen. Sind Sie fertig mit Ihrem Werk, tippen Sie auf die Grabungsstelle. Vermutlich wird sich Ihr Hund nicht ein zweites Mal bitten lassen... Loben Sie ihn kräftig!
Nach und nach – Sie kennen das nun schon – geben Sie, während er gräbt, ein Hörzeichen, „Buddeln", „Dig Dig" oder was Sie möchten.

→ Mäuse-Schreck

Interessiert sich Ihr Hund überhaupt nicht für versteckte Leckerbissen unter der Erde oder im Sand? Ist ihm – selbst im heimischen Garten – ausschließlich nach Mäusen zumute, und neigt er dazu, die Nester der Nager nicht nur auszugraben, sondern auch zu verspeisen? Dann verbieten Sie ihm das Buddeln von nun an rigoros. Denn es drohen Infektionen wie zum Beispiel der gefährliche Fuchsbandwurm. Die kleinen Nager sind oft Träger von Würmern und Bakterien.

Es wird nicht lange dauern, und Sie können Ihren Vierbeiner mit diesem Zauberwörtchen zum legitimen Buddeln in den Garten schicken, genau an diese Stelle. Enttäuschen Sie ihn nicht allzu oft, weil Sie versäumt haben, dort etwas Leckeres zu vergraben.

Sollte Ihr Hund nicht gleich mit Schürfen beginnen und Sie nur verwundert anblicken, helfen Sie ihm – indem Sie sich auf den Boden legen und beim Ausgraben des Leckerbissens mitmachen... Überlegen Sie sich jetzt schon eine Erklärung für Ihre Nachbarn. Sie haben die Bewegung der Gardine doch auch gesehen, nicht wahr?

Campingstuhl im Sondereinsatz

Lustige Hundespiele lassen sich mit den einfachsten Mitteln veranstalten (etwa mit einem stabilen Gartenmöbel), und trotzdem wird der Vierbeiner mit Feuereifer bei der Sache sein. Mit einem Leckerbissen oder Spielzeug unter einem Campingstuhl hindurchgelockt und auf der anderen Seite herzlich lobend in Empfang genommen: Das macht Hund und Herrchen Spaß. Natürlich braucht der Profi für eine solche Passage kein Leckerchen mehr, auch können Sie ihn auf größere Entfernungen über den Umweg unter dem Stuhl oder einer Bank hindurch zu sich rufen. Wenn Sie mögen, darf der Hund zur Belohnung auch auf dem Sitzmöbel Platz nehmen.

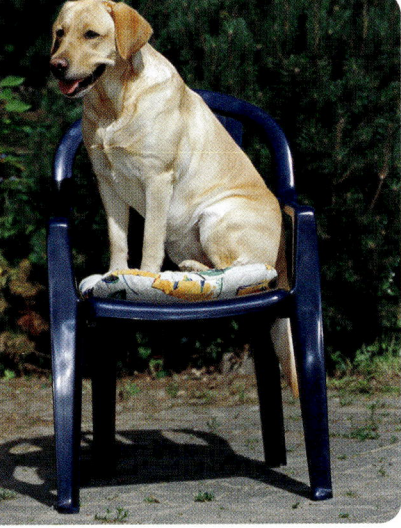

So ein leichter Stuhl ist kein einfaches Übungsobjekt, denn schnell hat es der unerfahrene Vierbeiner Huckepack. Ordentlich ducken ist angesagt, um ihn nicht umzustoßen. Gut, wenn der Hund das Spielchen „Drunter durch" am Rundballen schon kennt.

Von Dinos und Dummies
Spielzeug, Spielzeug überall

Zum Verbuddeln und wieder Ausgraben eignen sich, neben größeren Leckerbissen, natürlich auch Spielsachen. Spielzeug lässt sich ebenso gut draußen verstecken, in einer Astgabel zum Beispiel, hinter einem Heuhaufen oder unter einem umgedrehten Laubkorb. Die Möglichkeiten sind nahezu grenzenlos. Mit Spielzeug lassen sich zudem packende Zieh- und Zerrspiele veranstalten, und hund kann es apportieren – an Land, aus der Luft, aus dem Wasser. Manchen „Wasserratten" ist das Einsammeln von Spielsachen, die ruhig auf der Wasseroberfläche dümpeln, allerdings zu langweilig. Sie tauchen lieber nach abgesunkenen Gegenständen. Spielsachen können auch eingesetzt werden, um dem Vierbeiner beizubringen, das Spielzeug nicht gleich Spielzeug ist, und, damit er lernt, es aufzuräumen. Ist es doch der Traum eines jeden Hundehalters, einen Vierbeiner zu haben, der sein Spielzeug selbst wegräumt.

Spielzeug aufräumen

Auf Geheiß holt Ihr Hund sein Spielzeug und schafft es in eine bereitgestellte Kiste – alles meterweit von Ihnen entfernt: Das wäre doch der Knüller auf einer Ihrer Sommerpartys. Aber von nichts kommt nichts. Also heißt es üben.
Knien Sie sich zunächst neben die Kiste und schicken Sie Ihren Hund, zum Beispiel mit dem Hörzeichen „Hol's",

zu einem vor ihm liegenden Spielzeug. Sobald er es aufgenommen hat und sich auf den Weg zu Ihnen macht, loben Sie ihn. Ist Ihr Hund ein versierter Apporteur, wird er das Bringsel nun solange zwischen den Kiefern halten, bis Sie ihn zum nächsten Schritt auffordern.

Ab in die Kiste

Auf das Hörzeichen „Gib aus", oder Ihre dargebotenen Handflächen, legt er das Spielzeug in Ihre Hände – so ist er es gewohnt. Jetzt möchten Sie, dass er das Bringsel in eine Kiste fallen lässt. Also schieben Sie ihm die Kiste hin. Lässt er das Bringsel fallen, begleiten Sie dies mit Ihrem neuen Hörzeichen, etwa „Plopp". Loben nicht vergessen! Wiederholen Sie das einige Male pro Tag, ungefähr eine Woche lang.

Stellen Sie keine zu hohen Ansprüche an Ihren Hund! Nicht alles klappt auf Anhieb. – Macht nichts! Spielen soll schließlich Spaß machen.

Wie viele Verstecke wird sie wohl entdecken? Erst sucht die Hündin eifrig nach den Spielsachen, die rund um den Gartenteich verteilt sind…

Wann immer Sie nun mit dieser Kiste erscheinen und Ihren Hund zu einem Spielzeug schicken, wird er es bereitwillig holen und dort hineinplumpsen lassen. Untermalen Sie das ganze Prozedere mit einem freundlich-auffordernden Stimmsignal, z. B. „Aufräumen".

Haushalt-Profis

Bis Sie die Kiste abstellen und sich bequem in den Sessel setzen können, während Ihr Hund auf dieses Signal hin aufräumt, muss man mit Sicherheit noch einige Zeit trainieren. Unterstützen Sie Ihren Hund! Begleiten Sie ihn anfangs auf seinem Weg zur Kiste, das macht es ihm leichter. Erst nach und nach bleiben Sie ein kleines bisschen weiter weg, wenn er sich mit dem Spielzeug im Fang zur Kiste trollt.

Kennt Ihr Hund sein Spielzeug?

Möchten Sie, dass Ihr Hund das Spielzeug nicht wahllos schnappt, sondern jeweils nur ein ganz bestimmtes bringt? Dazu muss er wissen, welches davon z. B. Tau, Dummy oder Dino heißt. Vermitteln Sie ihm dieses Wissen, indem Sie jedes Spielzeug benennen, wann immer sie damit spielen – „Such den Dino", „Hol das Dummy", „Wo ist das Tau". Verwirren Sie ihn aber nicht mit einem Redeschwall. Gehen Sie gezielt vor und spielen Sie an einem Tag nur mit dem Dino (den Sie ständig beim Namen nennen), am folgenden Tag ausschließlich mit dem Tau, usw. Wenn Sie den Eindruck haben, Ihr Hund registriert die Namen der Spielsachen, nehmen Sie sich zwei zur Hand und legen Sie diese vor seinen Augen auf den Boden, etwa drei Meter von Ihnen entfernt und in rund zwei Metern Abstand – sagen wir den Dino und das Tau.

Bring den Dino

Schicken Sie Ihren Vierbeiner nun los, zum Beispiel mit „Bring den Dino" (Sie können ihm helfen, indem Sie in die entsprechende Richtung weisen.) Bringt er den Dino: Wunderbar! Ein riesiges Lob ist fällig. Greift er sich das Tau, gibt es verschiedene Möglichkeiten, wie Sie reagieren können. Entweder Sie rufen sofort: „Nein! Bring den Dino", um ihn zu korrigieren, und zeigen auf den Dino. Oder Sie nehmen das Tau wortlos entgegen und verfrachten es wieder an die Stelle, an der es vorher lag. (Der Hund sollte dabei an der Übergabestelle sitzen bleiben.) Nehmen Sie den Dino kurz vom Boden auf, zeigen ihn Ihrem Hund – „Schau, Dino" – und kehren anschließend zu ihm zurück. Nun wird der Hund zu einem neuen Versuch losgeschickt. Flitzt er los und greift sich das gewünschte Bringsel, folgt sofort Ihr überschwängliches Lob – das Sie solange fortsetzen sollten, bis er mit dem Dino bei Ihnen angelangt ist. Klasse war's! Und genug fürs Erste.

…dann eilt sie jedes Mal freudig herbei und spuckt eines nach dem anderen in die ihr hingehaltene Kiste. Eine ganze Menge Spielzeug hat sie darin schon zusammengetragen.

Für KIDS

Tomate contra Kiwi

Speziell ausgebildete Hunde entdecken spezifische Geruchsmuster wie z.B. von Schimmelpilzen oder Drogen und zeigen sie an. Meist wird diesen Profis spielerisch beigebracht, was von ihnen erwartet wird, nämlich einen ganz bestimmten Duft zu erkennen und gezielt danach zu suchen. Wieso nicht einfach ein nettes Spiel für den Familienhund daraus machen?

Die Zutaten

Das brauchst du für dieses Spiel: 1 Tomate, 1 Kiwi, 2 frisch gewaschene Einmach- oder Marmeladengläser, 1 Helfer, 1 angeleinten Hund und jede Menge Leckerli.

Tomaten auf der Nase?

Halte deinem Hund eine Tomate vor die Nase. Wenn er interessiert daran schnuppert, lobst du ihn kräftig und gibst ihm auch ein Leckerli.

Tomaten-Glas

Lege die Tomate in ein Glas und halte es deinem Hund zum Beschnuppern hin. Wenn er sich nicht dafür interessiert, ignorier' es einfach. Schnuppert er daran, gibt es wieder Lob und Leckerli. Danach stellst du das Tomatenglas auf den Boden. Findet er das interessant und schnuppert daran, lobe ihn wie gehabt.

Der kleine Unterschied

Hat bisher alles gut geklappt, kommt das zweite Glas ins Spiel. Halte es deinem Hund leer vor die Nase, danach beide Gläser zum Vergleich. Dann stellst du beide Gläser auf den Boden. Dein Hund sollte sich jetzt nur um das mit Tomate bestückte Glas kümmern, nicht jedoch um das leere. Also belohnst du ihn immer nur dann, wenn er sich dem Tomatenglas zuwendet. Schnuppert er am leeren Glas, ignorierst du das. So lernt dein Hund zu unterscheiden.

Zwei im Vergleich

Schließlich enthalten beide Gläser, die du deinem Hund zeigst, eine Frucht – das eine die ihm bekannte Tomate, das andere eine Kiwi. Interessiert er sich für die Tomate: Lob und Leckerli, schaut er nach der Kiwi: nicht beachten. Die Hündin im Bild zeigt fast schon Meideverhalten auf die Kiwi: Das ist super.

Ich hab's gefunden!

Die Tomate ist entlarvt – die im Unterscheiden von Düften geübte Hündin zeigt dies jetzt nicht nur durch Beschnüffeln an. Sie hat gelernt, sich vor dem gesuchten Glas hinzusetzen und zu bellen. Das kannst du deinem Hund später auch noch beibringen. Schau dazu mal auf der nächsten Seite. Dort steht, wie du mit deinem Hund das gezielte Bellen üben kannst…

Noch mehr Gemüse

Hat dein Hund verstanden, dass es die Tomate ist, die ihm seine Belohnungshappen einbringt, kannst du außer der Kiwi auch noch andere „Ablenkungs-Gemüse" beziehungsweise Obstsorten gegen die Tomate testen, etwa eine Karotte, ein Radieschen oder einen Apfel. Fordere deinen Hund heraus! Unter wie vielen Gemüse- und Obstsorten kann er die Tomate noch sicher herausfinden? Schafft er das auch, wenn die Tomate vollreif oder noch grün ist?

Partyeinlagen
Kleine Gefälligkeiten

Neben dem Spielzeug-Aufräumen auf Zuruf gibt es noch viele weitere Hingucker für Ihre Sommerfeste, das „Männchen machen" zum Beispiel oder ein sonores „Gib Laut".

Männchen machen für Naturtalente

Viele Hunde zeigen es von allein. Weil sie für das putzige Verhalten meist sehr gelobt werden, behalten sie es bei, machen es sogar immer wieder, um dem Zweibeiner Leckerchen oder Streicheleinheiten zu entlocken. Wenn die Hunde zeitnah zu dem gezeigten Verhalten ein Signal wie „Mach Männ-

chen" bekommen, führen sie es bereitwillig auf das Signal hin aus.

Etwas Nachhilfe gefällig?

Gehört das Männchenmachen nicht zum Standardrepertoire Ihres Hundes, müssen Sie ein wenig nachhelfen. Dazu soll sich Ihr Vierbeiner vor eine Wand setzen. Stellen Sie sich dicht vor ihn und halten Sie ihm ein Leckerchen hin, am besten ein Stück über seinen Kopf in Richtung Nacken geführt. Er wird seine Vorderpfoten sicher bald vom Boden heben, um sich recken zu können und das Leckerchen zu erreichen. Jetzt heißt's: Lob und Lecker-

Egal was es ist: Gemeinsame Unternehmungen stärken das Zusammengehörigkeitsgefühl und festigen die Bindung zwischen Mensch und Hund.

Der Hund soll Sie nicht anspringen! Männchen machen soll er und sich auf den gestreckten Hinterbeinen stehend im Kreis drehen: Nur dafür wird er mit Leckerli belohnt.

chen. Bieten Sie ihm das Leckerli nicht zu weit hinten an, damit er nicht rückwärts umkippt; und auch nicht zu weit oben, sonst hebt er seinen Po an oder springt womöglich hoch. Falls er hochspringt, ignorieren Sie ihn und beginnen von vorn. Möchten Sie, dass er sich streckt und reckt (Signal: „Wie groß bist Du" oder „Reck Dich"), belohnen Sie selbstverständlich diese Verhaltensweise. Wenn Sie das Leckerchen über seinem Kopf kreisen lassen, „tanzt" Ihr Vierbeiner vielleicht sogar.

„Gib Laut"

„Gib Laut": So simpel es erscheint, wenn's funktioniert, so schwierig ist es manchmal, das Bellen gezielt auszulösen. Bei Tieren, die spontan bellen, ist es leicht. Doch es gibt auch Hunde, die ihre Schnauze einfach nicht aufmachen möchten. Bei ihnen heißt es, sich in Geduld zu üben, und warten, warten, warten… bis sie endlich einen winzigen Mucks tun. Dann ist ein Freudentanz fällig.

Kleine Provokationen

Sicher lässt sich Bellen auch provozieren, zum Beispiel indem man dem Hund etwas verweigert, was er gern haben möchte – Einlass ins Haus beispielsweise oder einen Leckerbissen. Gehen Sie folgendermaßen vor: Ihr Hund befindet sich im Garten. Sie halten ihm ein Bröckchen Pansen vor die Nase – „Schau mal, was ich Feines für dich habe?" Er wird aufgeregt daran schnuppern und versuchen, es zu bekommen. Sie geben ihm den Leckerbissen aber nicht, sondern gehen zügig damit ins Haus und schließen die Terrassentür vor seiner Nase. Vor den Augen Ihres verdutzten Vierbeiners wedeln Sie drinnen mit dem

Leckerbissen herum. Vielleicht kratzt er an der Tür: Ignorieren Sie es. Vielleicht fiept, wufft oder bellt er zaghaft: Dann bestätigen Sie ihn sofort in den höchsten Tönen („Fein, gib Laut"), öffnen mit großen Hallo die Tür und überreichen ihm den wohlverdienten Leckerbissen.

Er spricht nicht mit mir

Trollt sich Ihr Vierbeiner ohne einen einzigen Laut, müssen Sie noch mehr Zeit investieren und abwarten, was geschieht. Kommt er erneut und guckt neugierig durch die Scheibe? Dann zeigen Sie ihm den Leckerbissen wieder. Wenn's auch diesmal nicht klappt, legen Sie das Leckerli beiseite und gehen – sitzt Ihr Hund gerade nicht vor der Tür – zu ihm in den Garten. Lassen Sie ihn dort etwas tun, was er gut kann und loben Sie ihn dafür. Frust soll nämlich nicht entstehen. Die Übung „Gib Laut" steht erst morgen wieder auf dem Plan.

Bellen auf Kommando: Das Lieblingsspielzeug des Hundes wird in eine Astgabel geklemmt. Gelingt es dem Vierbeiner nicht, das begehrte Utensil zu erreichen, wird er vielleicht auffordernd bellen.

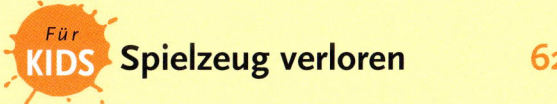

3

Für die kühle Jahreszeit

Herbststimmung
Spurenleser unterwegs

Herbstzeit ist Jagdzeit! Machen Sie Ihrem Vierbeiner doch die Freude und lassen ihn jetzt ausgiebig Spurensuchen. Gerade in dieser Jahreszeit ist die Witterung für das Auskundschaften von Fährten ausgesprochen günstig, was dem unerfahrenen Spurenleser zugute kommt.

Das ideale Schnupper-Wetter

Es ist weder so heiß und trocken wie im Hochsommer, noch so klirrend kalt wie im Winter, außerdem ist es nicht ganz so nass wie im zeitigen Frühjahr, dafür oft mild und leicht feucht. Dieses Klima mögen Bodenbakterien besonders gern und arbeiten deshalb äußerst

effektiv. Was das mit dem Fährten zu tun hat? Ganz einfach: Je effektiver die Bakterien arbeiten, umso leichter fällt es dem Hund, Spuren am Boden zu entdecken. Weil sie durch ihre Stoffwechselprozesse Düfte stärker hervorheben (solche, die durch die Bodenverwundung beim Laufen, Schleppen usw. entstehen, wie auch solche, die das ausgelegte bzw. geschleppte Utensil verursacht haben), liefern sie dem Hund detailliertere geruchliche Informationen über die zu verfolgende Fährte als sonst.

Außerdem sind die Wiesen abgemäht und die meisten Felder abgeerntet – insgesamt ideale Voraussetzungen für ein Spurensuchspiel.

Auch Hundenasen brauchen Arbeit. Schnüffelspiele fesseln jeden Hund, denn sie sprechen seine natürlichen Anlagen und Fertigkeiten an.

Schon die Allerkleinsten sind mit Feuereifer dabei, wenn es gilt, Frauchens Duftspur hinterherzuschnüffeln. Bei schwierigem Gelände genügt eine winzige Wegstrecke.

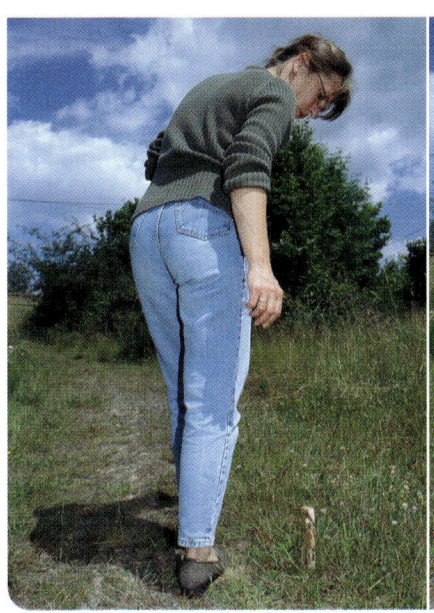

Die Leckerli-Fährte: Ein verführerisches Spiel für Hunde aller Altersklassen. Je jünger und unerfahrener der Vierbeiner, umso kürzer und „leckerchenreicher" muss die Fährte sein.

Leckerer Leckerli-Pfad

Legen Sie Ihrem Vierbeiner eine Leckerchenfährte, die er naschend verfolgen kann. Oder ziehen Sie eine kurze Schleppe, die er erschnuppern darf und an deren Ende eine tolle Überraschung auf ihn wartet. Wild ist dafür nicht nötig, Hundespielzeug oder Dummies erfüllen denselben Zweck.

Auf der Leckerchen-Fährte

Solange Ihr Hund noch keine Erfahrung im Spurenlesen hat, lassen Sie ihn zusehen, wenn Sie die Fährte legen. Am geschicktesten ist es, wenn ihn jemand dabei festhält, denn vermutlich wird er seine Neugierde bald nicht mehr zügeln können und Ihnen vorzeitig hinterherspurten.

Auf einer kurz gemähten Wiese oder einem weichen Acker stecken Sie zunächst einen kleinen Markierungsstock in den Boden, damit Sie den Fährtenabgang, also den Beginn Ihrer Spur, nachher wiederfinden. Dann treten Sie vorsichtig den Untergrund nieder, am besten in Form eines Dreiecks mit einer Spitze in Richtung des geplanten Fährtenverlaufs, und streuen dort einige Leckerchen aus. Winzige Käsebröckchen eignen sich besonders gut. Unmittelbar hinter dieser Spitze (an der Sie die meisten Leckerchen platzieren sollten) marschieren Sie los, indem Sie einen Fuß sorgsam vor den anderen setzen und in den hinterlassenen Fußabdruck jeweils ein Käsebröckchen legen... immer geradeaus, rund 20 bis 30 Meter weit. Zugegeben: Das geht ins Kreuz. Doch der Spaß Ihres Vierbeiners beim Ausarbeiten der Fährte wird Sie dafür entschädigen. Und später können Sie freilich größere Schritte machen und brauchen nicht mehr in jeden, sondern nur noch in jeden zweiten oder dritten Fußabdruck einen Leckerbissen zu legen. Ans Ende Ihrer Fährte kommt ein besonders großes Käsestückchen oder ein ganzes Häufchen Käsebröckchen, das Ihr Hund nach erfolgreicher Suche fressen darf. Mit einem Riesenschritt treten Sie zur Seite und kehren (möglichst mehrere Meter entfernt vom Fährtenverlauf) zu Ihrem Hund zurück.

Mit dem Riecher dicht am Boden
Naseneinsatz ist gefragt

Jetzt ist Ihr Vierbeiner an der Reihe. Angeleint führen Sie ihn zum Fährtenabgang und lassen ihn dort den Boden abschnuppern. Das Käsehäufchen am Anfang der Spur wird ihn sicher fesseln. Ist er fertig mit Mampfen, drängt es ihn bestimmt auf den verführerisch duftenden Pfad. Lassen Sie ihn gewähren. Ohne Hektik zu verbreiten, begleiten Sie ihn auf seinem Weg Richtung Jackpot und loben ihn mit „Fein, Such" für jedes Wegstückchen, das er ruhig meistert.

Startschwierigkeiten?
Findet er das Ganze nicht so spannend, lassen Sie ihm Zeit. Ist Ihr Hund stark an Ihnen orientiert, weisen Sie immer wieder mit der Hand auf die Trittspur

Der Hund darf am Fährtenabgang (hier mit einer bunten Stange markiert) Witterung aufnehmen, dann wird er mit „SUUUCH" losgeschickt.

und fordern ihn freundlich-lockend auf, weiterzusuchen. An der Leine voranzerren sollten Sie ihn nicht. Bekundet er auch nur geringstes Interesse, loben Sie ihn sofort in den höchsten Tönen.

Die Übereifrigen
Haben Sie einen Vierbeiner, der zwar mit viel Spaß, aber sehr schnell auf die Strecke geht, müssen Sie mit dem Loben eher zurückhaltend sein. Er würde sich sonst nur noch mehr beeilen. Ihren Spurenleser loben Sie am besten immer dann, wenn er sein Tempo reduziert und weniger vehement vorgeht. Am Ziel angelangt, darf Ihr Hund den Lohn seiner Anstrengungen genießen: Guten Appetit! Und genug für diesmal.

Die Feldleine verhindert, dass der „Hungrige" die Laufstrecke zu stürmisch nimmt. Übrigens: Auch Gelenkkranke oder Pummelchen dürfen mitmachen. Bedingung ist – die Menge der verwendeten Futterbröckchen wird bei der nächsten Mahlzeit rigoros abgezogen.

Auf zum nächsten Level

Bald schon dürfen Sie die Fährte verlängern – bis zu (mehreren) hundert Metern, wenn Sie mögen. Auch leichte weite Bögen können Sie einbauen, damit es Ihrem Hund nicht langweilig wird. Schafft er solche Strecken problemlos, gehen Sie dazu über, anstelle der sanften Bögen immer schärfere Winkel auszutreten. Vor diesen sollten Sie wieder etwas kleinere Schritte machen und die Leckerchendichte erhöhen, ebenso nach den Winkeln. Zur Abwechslung, und um den Schwierigkeitsgrad noch weiter zu erhöhen, schicken Sie Ihren Hund gelegentlich auf eine Fährtensuche

in kniffligem Terrain, etwa auf einer dicken Laubschicht, über Kies oder trockenen Asphalt.

Ausgebremst *Tipp*

Fegt Ihr Vierbeiner wie ein Sturmwind über die Fährte und lässt die meisten Leckerli unbeachtet liegen, machen Sie einfach größere Schritte (damit er mehr Zeit aufs Suchen verwenden muss) und häufeln pro Fußabdruck mehr Leckerbissen auf: Das wird seine Geschwindigkeit drosseln.

Die perfekte Witterung
Einer Schleppspur auf der Spur

Frischer Pansen in maulgerechte Häppchen geschnitten: Ein verlockender Duft!

Ein Stückchen Pansen wird an eine Kordel gebunden und über die Wiese gezogen. Am Fährtenende wird der Napf mit den restlichen Brocken auf dem Boden abgestellt.

Anstatt einer mit Leckerli gespickten Fährte können Sie Ihren Hund auch einer duftenden Schleppspur nachspüren lassen. Ohne dass Sie beim Fährtenlegen einen Schritt dicht vor den anderen setzen müssen, markieren Sie ihm so einen kontinuierlichen Streckenverlauf, an dem er sich orientieren kann. Binden Sie einfach ein Stück Trockenpansen oder ein kleines Schweinsohr an eine Kordel und ziehen es über die Wiese hinter sich her. Am Fährtenende knüpfen Sie den Leckerbissen ab und legen ihn auf den Boden: Ihr Hund wird ihn sicher gern vertilgen.

Für fortgeschrittene Pfadfinder

Kennt Ihr Vierbeiner Ihr „Pathfinding-Spiel", können Sie gleich eine etwas längere, aber noch geradlinige Wegstrecke in Angriff nehmen – etwa 50 bis 75 Meter. Die ersten Meter nach dem Fährtenabgang gehen Sie möglichst langsam, danach in normalem Tempo. Achten Sie darauf, dass Ihr „Schleppgut" dabei schön über den Boden schleift und nicht unkontrolliert hin und her schleudert.

Gelingt dem Hund die Suche, verlängern Sie die Spur noch ein wenig und lassen das gezogene Utensil absichtlich einige Hopser beziehungsweise Schlenker machen. Bauen Sie auf Ihrem Pfad auch wieder Kurven ein – erst als offene Bögen, danach in Form scharfer Winkel. Lassen Sie die Fährte immer

liegenden Ackerboden. Auch natürliche Hindernisse sollten Sie nutzen, einen umgestürzten Baum zum Beispiel, über den Sie das Schleppgut sorgfältig hinüberziehen. Das fordert Ihren Hund. Doch beginnen Sie auf keinen Fall zu früh mit hohen Schwierigkeitsgraden, sonst verliert er bald die Lust am Suchen. Helfen Sie Ihrem Tier anfangs – zum Beispiel, indem Sie vor Geländewechseln langsamer laufen, das Schleppgut dabei weniger schnell über den Boden ziehen und so die Schleppspur geruchlich deutlicher zum Vorschein kommt. Am Ende der Fährte angelangt, können Sie das Schleppgut einfach auf den Boden legen oder mit einer dünnen Laubschicht bedecken, es hinter einem Baumstumpf auslegen oder im Sand verbuddeln.

Angeleint wird der Vierbeiner an den Beginn der Schleppspur geführt; dort soll er Witterung aufnehmen.

Variante Spielzeugschleppe

Anstelle von Fressbarem können Sie auch ein Spielzeug an die Kordel knoten und damit eine Schleppe ziehen. Als Belohnung am Schleppenende winkt ein gemeinsames Spiel mit dem „Fundstück". Zeigen Sie Ihrem Hund das Spielzeug und lassen Sie ihn daran schnüffeln, bevor Sie losgehen. Dann wird er es bestimmt eifrig suchen und flott zu Ihnen zurückbringen.

„Leinen los": Mit fliegenden Ohren und der Nase dicht über dem Boden saust der kleine Vizsla dem duftenden Leuchtfeuer hinterher …

… zielsicher zum Napf. Guten Appetit!

wieder einige Zeit liegen, das heißt, Sie schicken Ihren Hund nicht jedes Mal unmittelbar nach dem Legen zum Suchen, sondern warten damit mindestens 15 Minuten.

Bodenvielfalt

Üben Sie in unterschiedlichem Gelände und ziehen Sie Ihre Schleppen auf verschiedenen Untergründen. Auf trockenem Kies, Sand oder Asphalt ist das Spurenlesen am schwierigsten. Bei einem geübten Spurenleser können Sie sogar innerhalb eines einzelnen Fährtenverlaufs gezielt Geländeübergänge einbinden, also beispielsweise von der kurz gemähten Weide über einen Schotterweg auf den gegenüber-

Mit Rückenwind ### Tipp

Achten Sie beim Legen der Fährte darauf, dass Sie Rückenwind (evtl. Seitenwind) haben. Das erleichtert Ihrem Hund die Suche. Zudem sollten Sie Winkel nicht gegen den Wind abknicken oder Streckenabschnitte nicht zu dicht nebeneinander verlaufen lassen: Ihr Hund könnte Wind davon bekommen und von seiner Spur abweichen, um schneller ans Ziel zu gelangen. Auch sollten Sie einen Winkel nicht so anlegen, dass Ihr Hund, überschießt er diesen, automatisch auf der weiterführenden Strecke landet.

Von Klammern und Düften
Wenn Waschtag ist

Hier sind Nasenarbeit, Apportierfreude und Geschicklichkeit gefragt. Beim Wäscheklammerspiel geht es darum, einen ganz bestimmten Gegenstand zu erkennen, zwischen vielen gleichartigen herauszusuchen und herzubringen. Das besondere Merkmal: Es duftet nach Herrchen (bzw. Frauchen).

Welches riecht nach Herrchen?

Besorgen Sie sich eine Packung Holzwäscheklammern und vermeiden Sie es, diese mit den Fingern zu berühren – mit Ausnahme von einer. Diese zwicken Sie z. B. an Ihrem Unterhemd fest, oder Sie klemmen sich die Klammer fünfzehn Minuten unter die Achsel. Sie können sie auch in die Hand nehmen und eine halbe Stunde in Ihrer geschlossenen Faust halten. Besser ist es allerdings, wenn Sie beide Hände frei haben – für das, was nun zu tun ist.

Vorbereitungen mit Grillzange

Mit einer Grillzange (die Sie nur am Griff anfassen dürfen!) fischen Sie sich ein paar Klammern aus der Packung, legen sie in einen verschließbaren, leicht zu öffnenden Kunststoffbehälter und machen sich mit Ihrem Hund und einem Helfer auf den Weg. Ihre Spielarena kann sich im Haus befinden, aber auch draußen. Wichtig ist, dass der Hund die auf dem Untergrund ausgelegten Wäscheklammern gut sehen kann. Beim ersten Mal darf er Ihr geheimnisvolles Treiben beobachten, danach nicht mehr. Während Ihr Assistent den Hund festhält, entnehmen Sie mit der Grillzange zwei Klammern aus der Box und legen sie im Abstand von einem Meter auf den Boden. Zücken Sie nun mit viel Tamtam Ihre Körperklammer, lassen Sie den Hund daran riechen und legen sie neben die anderen.

*„Finde meins":
Das Klämmerchen-Identifizieren ist ein kurzweiliges Nasenspiel für alle Hunde, selbst für die Kurzschnauzen unter ihnen.*

Geht der Vierbeiner nicht so zielstrebig vor, lassen Sie ihm genügend Zeit, seine Wahl zu treffen. Vermeiden Sie, auf die richtige Klammer zu zeigen oder sie anzutippen. Das irritiert den Hund.

Welche Klammer ist die richtige?

Nun darf der Hund starten: Vermutlich wird er sich zunächst für alle Klammern interessieren. Loben Sie ihn nur, wenn er an Ihrer schnuppert. Beschäftigt er sich mit den anderen, ignorieren Sie es. Schnuppert er erneut an der nach Ihnen riechenden – nimmt sie vielleicht sogar auf und bringt sie Ihnen: Super! Wenn nicht, ist das für den Anfang auch in Ordnung. Hauptsache, er lernt, Ihre Klammer ausfindig zu machen.

Erst eins, dann zwei, dann drei …

Haben Sie Ihren Vierbeiner beim kleinsten Hinwenden zu Ihrer Klammer durch Lob bestätigt und ihn dabei an ein Hörsignal gewöhnt (etwa „Finde meins"), ist er bestimmt schnell so weit, dass Sie ihn mit diesem Signal losschicken und ihm immer mehr Verleitungsklammern dazulegen können. Wählen Sie aber nie denselben Platz. Liegt nämlich bei einem erneuten Spieldurchgang eine geruchsneutrale Klammer an der Stelle, an der zuvor die nach Ihnen duftende gelegen hat, verwirrt das Ihren Hund unnötig.

Socken ausziehen

Ziehen und Zerren tut Ihr Hund mit Inbrunst, und apportieren kann er auch? Na, dann wäre diese geruchsintensive Geschicklichkeitsaufgabe bestimmt etwas für ihn. Hier soll er Ihnen beim Sockenausziehen helfen und diese dann zur Waschmaschine tragen. Verwenden Sie anfangs Ihren ältesten Socken (am besten einen weiten Wollsocken), der Schrammen nicht übel nimmt – und stülpen Sie ihn zunächst locker über Ihren Fuß, sodass Ihr Vier-

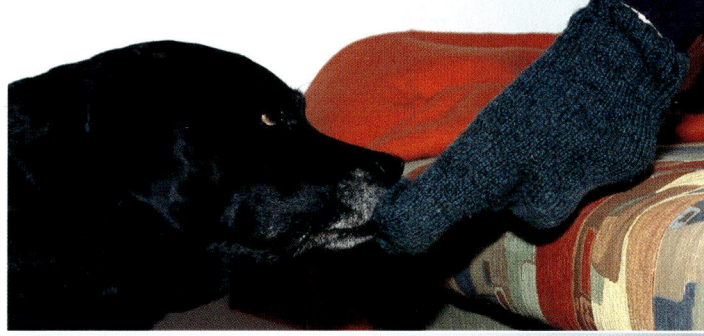

Achten Sie darauf, dass sich Ihr Vierbeiner nur an Ihrer Fußbekleidung zu schaffen macht, wenn Sie ihm die Zehen vor die Nase halten und ihn mit einem Hörzeichen zum Sockenausziehen auffordern.

beiner eine Chance hat, ihn herunterzubekommen. Wackeln Sie auffällig mit den Zehen und lassen Sie die Sockenspitze dabei baumeln. Ihr Vierbeiner findet das bestimmt aufregend.

Zieh!

Sobald er sich für den baumelnden Strumpf interessiert, loben Sie ihn. Nibbelt er an ihm herum – noch besser. Sobald er sich anschickt, zart seine Schneidezähne um den Socken zu schließen und vorsichtig zu zupfen, folgt ein Superlob. Findet Ihr Hund Gefallen an diesem Spielchen und zieht immer kräftiger an der Sockenspitze, geben Sie währenddessen Ihr Hörzeichen (z. B. „Zieh"). Zieht er anhaltend, können Sie den Socken fester über Ihren Fuß stülpen oder es mit einem engeren Socken beziehungsweise einem Baumwollkniestrumpf probieren.

Adventure-Tours für Hunde
Spaziergang mit Hindernissen

Auch wenn die Abkürzung, die der Kleine wählt, viel Geschicklichkeit verlangt: Dieses Gelände muss einfach erforscht werden…

Ob Nieselregen, Nebel oder Schneegestöber: Für einen Hund macht das keinen Unterschied. Er hat immer das richtige Outfit.

Der dufte Riecher des Hundes hat seinen Part geleistet, nun sind seine Muskeln dran. Ein gemeinsamer Ausflug ins Grüne, vielleicht zusammen mit anderen Hundlern und deren Vierbeinern, würde sich dafür anbieten: Hätten Sie und Ihr Vierbeiner nicht Lust dazu? Also, den Rucksack geschultert, sein Lieblingsspielzeug in die Jackentasche gesteckt – und los geht's!

Abwechslungsreiche Route
Planen Sie die Tour abwechslungsreich, und spannend. Ihre Route sollte über möglichst verschiedene Untergründe führen, damit weder Ihre Gelenke noch seine Pfoten überstrapaziert werden – zum Beispiel über Gras, Erde, Laub,

Asphalt, geschotterte Wege, sumpfiges und sandiges Gelände. Wandern Sie über weite offene Flächen, durch schmale Täler und auf schattigen, verschlungenen Waldpfädchen. Vielleicht liegt sogar ein kleiner See oder ein Bachlauf an Ihrer Strecke. Schlendern, gehen, laufen und sprinten Sie im Wechsel. Hüpfen Sie zickzack, recken und strecken Sie sich und: Fordern Sie Ihren Hund auf, mitzumachen. Sein Lieblingsspielzeug haben Sie ja dabei. Erwecken Sie es zum Leben.

Natürliche Barrieren
Nutzen Sie alles, was sich unterwegs anbietet: Ein Baumstamm liegt quer über dem Weg? Lassen Sie Ihren Hund

Junghunde und Senioren brauchen viele Pausen, besonders bei Wanderungen in der warmen Jahreszeit. Legen Sie regelmäßig Stopps ein und versorgen Sie Ihre Tiere mit Trinkwasser.

auf ihm balancieren, darüberspringen und, falls der Platz ausreicht, darunterdurchkriechen. Achten Sie darauf, dass der Stamm weder rutschig beziehungsweise glitschig ist, noch instabil liegt. Traut sich Ihr Vierbeiner noch nicht? Machen Sie es vor!

Tipp

Vorsicht bei Stapelholz!
Lassen Sie Ihren Hund besser nicht darauf turnen. Zu schnell könnte einer der Stämme in Bewegung geraten und Ihr Tier einklemmen. Verwenden Sie den Stapel lieber für ein Versteckspiel.

Verstecke

Versteck spielen können Sie auch hinter Bäumen, im Gebüsch oder am Rande eines Maisfeldes. Sie können sich dort verstecken, aber auch ein Spielzeug oder einen größeren Leckerbissen –

und Ihren Hund danach suchen lassen. Eine Röhre liegt am Wegesrand – groß genug zum Durchrobben, nicht nur für den Hund? Prima. Wer krabbelt zuerst hindurch? Sie oder Ihr Vierbeiner?

Wasserspiele

Am Bachlauf oder Tümpel gibt es viel zu entdecken. Holen Sie sich ruhig mal schlammige Hände. Ihr Vierbeiner wird begeistert beim Matschen mithelfen. Haben Sie an Gummistiefel gedacht? Schön. Dann waten Sie doch zusammen durchs Wasser. Aber Vorsicht! Unebenheiten können im Untergrund lauern. Bitte nicht ausrutschen! Mit Ihrem Vierbeiner und seinem Allradantrieb können Sie nicht konkurrieren...

„Wo bleibst du? Beeil dich, wir wollen weiter!" Ausgedehnte Rucksacktouren sind für viele Vierbeiner die Highlights unter den Spaziergängen.

Wieso waten? Fliegen geht doch auch. Wassergräben lassen sich auf vielfältige Weise überwinden.

Winterspaß
Stubenhocker aufgepasst!

Viele Vierbeiner tauen erst so richtig auf, wenn es draußen bitterkalt ist und eine dicke Schneeschicht Wiesen und Äcker überzieht. Gönnen wir ihnen und uns das Vergnügen.

Die Kälte hat uns wieder. Unseren Vierbeinern scheint die nasskalte, trübe Jahreszeit wenig auszumachen, selbst den nur spärlich behaarten unter ihnen. Rennen, laufen und ausgiebig bewegen, das wärmt von innen, sowohl die Muskeln als auch das Gemüt. Nur lang im Kühlen herumliegen ist nicht gesund, das wissen Hunde instinktiv.

Spurenlesen im Schnee

Viel gesünder ist es, stattdessen (neben ausgedehnten Winterwanderungen und dem gemeinsamen Nickerchen am Kamin) häufig Spiele im Freien zu veranstalten. Ist unser Widerwille nach draußen zu gehen erst einmal überwunden, haben wir dabei mit Sicherheit

Ihre Hochstimmung und ihr Tatendrang wirken ansteckend und bald herrscht grenzenlose Action im weißen Pulverschnee.

genauso viel Spaß wie unsere Hunde. Beim Spurenlesen im Schnee zum Beispiel, denn das können selbst wir „Schlechtriecher" wunderbar – mit unseren Augen anstelle der Nase versteht sich. Deshalb: Fröhlich voran! – Bitten Sie Ihre Partnerin beziehungsweise Ihren Partner, eine Trittspur zu legen, das heißt, einfach nur gemütlich durch den Schnee zu schlendern, ganz ohne Leckerchen auszustreuen oder ein Schleppgut hinter sich herzuziehen. Neuschnee ist ideal für dieses Spiel.

Der Spurenleger

Während Sie (ohne Sichtkontakt zum Spurenleger) Ihren Vierbeiner anderweitig beschäftigen, geht Ihr Begleiter unterdessen vom vereinbarten Startpunkt los, marschiert nicht zu schnell 200 bis 300 Meter weit (je nach Kenntnisstand des Hundes mit mehr oder weniger starken Haken auf der Strecke), versteckt sich hinter einem Baum, Holzstapel o. Ä. und wartet dort – warme Stiefel sind dabei Gold wert.

Endlich gefunden

Ungefähr fünf bis zehn Minuten später machen Sie sich mit Ihrem (angeleinten) Hund ohne viel Federlesens auf den Weg. Wo's lang geht? Vertrauen Sie einfach auf Ihren vierbeinigen Begleiter und: auf Ihre eigenen Augen.

Riesengroß ist die Freude, wenn der Vermisste gefunden wurde. Der Hund bekommt sein wohlverdientes Leckerli. Und der spurenlesende Zweibeiner? Vielleicht einen Kuss? Anschließend gibt es noch ein kurzes Tobespiel (mit oder ohne Spielzeug, ganz wie Sie und Ihr Hund es mögen) – zum Aufwärmen für den durchgefrorenen Spurenleger.

Ein paar Äste zwischen Baumstümpfen oder auf Steinen gelagert: Fertig ist das Hindernis. Positiver Nebeneffekt: Die dicke weiße Pracht federt ab und die Gelenke werden weniger belastet. Trotzdem vorher lieber aufwärmen!

Spielzeug verloren

Spielzeug verloren

Diesmal könnten es Spielsachen sein, die dein Hund finden soll: Wirf, während du zum Beispiel auf einem befestigten Pfad unterwegs bist und dein Hund gerade abgelenkt ist, ein möglichst kleines Spielzeug einige Meter abseits in eine schneebedeckte Wiese, auf der er es nicht sofort sehen kann. Mach' ihn nun aufmerksam und schicke ihn zum Suchen los... Als Ansporn sagst du: „Such verloren".

Ich hab's gefunden!

Keine verräterische Spur führt deinen Hund zu seinem Spielzeug. Diesmal muss er das Terrain systematisch absuchen, um den richtigen Duft in die Nase zu bekommen. Bestimmt wird er sich im Zickzack-Kurs vorarbeiten – bis zu seinem heiß begehrten Spielzeug. Hat er es gefunden und in den Fang genommen, ruf' ihn zu dir. Freue dich mit ihm über seine tolle Leistung. Wenn du denkst, dein Vierbeiner hat Lust darauf, darf er das Spielzeug eine Weile lang tragen. Mit „Gib aus" nimmst du es ihm schließlich wieder ab und verstaust es in deiner Jackentasche.

Schneehöhlen und -burgen

Oder du vergräbst es im Schnee – zunächst noch vor den Augen deines Hundes, und nicht zu tief. Kennt dein Hund das Buddelspiel vom Strand, wird er sofort mit den Ausgrabungen beginnen. Wenn nicht, hilf ihm ein bisschen dabei. Ist dein Vierbeiner bereits ein Buddelprofi, vergrabe das Spielzeug gleich etwas tiefer und ohne dass er dich dabei beobachtet. Allerdings musst du ihm zuvor schon klarmachen, wonach er suchen soll. Lass ihn deshalb gründlich am Spielzeug schnuppern, bevor du es versteckst.

Wo ist es nur?

Kurz bevor du von deinem Winterausflug nach Hause gehst, legst du ein kleines Spielzeug an den Wegesrand, das dein Hund gut kennt – und merkst dir den Ort genau! Was glaubst du? Wird er darauf stoßen, wenn ihr gemeinsam auf dem Rückweg daran vorbeikommt? Beobachte ihn: Vermutlich nimmt er ganz von allein Witterung auf, sobald er in die Nähe des Spielzeugs kommt – vorausgesetzt, er ist in diesem Moment nicht allzu abgelenkt. Sollte dein Hund das Spielzeug nicht wahrnehmen, ermuntere ihn, es zu suchen. Lob' ihn, wenn er es entdeckt hat, und lass' ihn seine Trophäe heimtragen.

Kalter Bauch

Was du allerdings nicht im Schnee vergraben solltest, sind Leckerchen – zumindest nicht die Kleinen. Hunde sind ziemlich gierig: Mitsamt der Leckerli würden sie eine ordentliche Portion Schnee fressen. Diese kalte Kost kann zu heftigen Bauchschmerzen führen.

Kalorienfresser
Leckerbissen und doch kein Winterspeck

Viel Bewegung verbraucht viel Energie – besonders bei eisiger Kälte. Ein paar Leckerbissen mehr bringen also keine zusätzlichen Pfunde auf die Rippen – vor allem nicht, wenn die Leckereien nicht auf dem Teller serviert werden, sondern erst mit detektivischem Spürsinn und unter anstrengendster Schnüffelarbeit aus den unterschiedlichsten Verstecken im ganzen Haus geborgen werden müssen. Wo überall könnten Sie Fressbares für Ihren Vierbeiner verstecken? Fragen Sie Ihre Kinder. Die haben bestimmt die ausgefallensten Ideen. Prüfen Sie bitte vorher jedes Versteck auf seine Hundetauglichkeit.

Mag der Spalt auch noch so schmal sein, ein eiserner Wille führt zum Ziel.

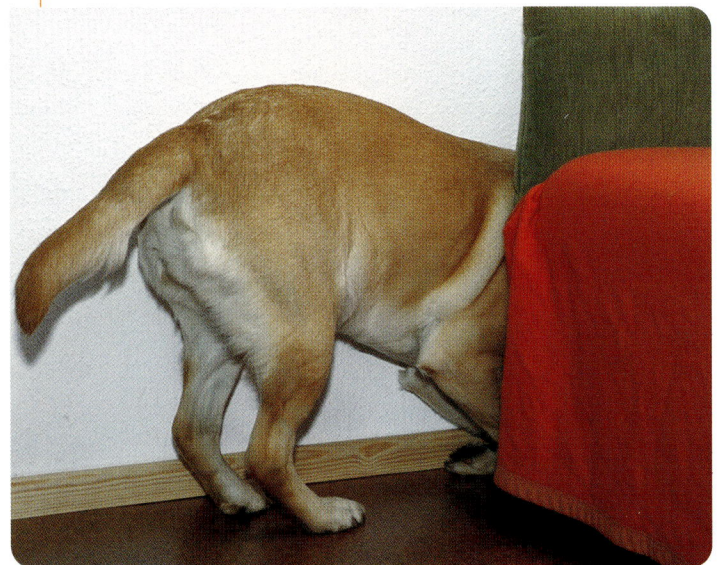

Redlich verdienen
Legen Sie Ihrem Vierbeiner die Leckerchen erst einmal im Zimmer aus, sodass er sie sofort sehen kann. Später wählen Sie richtige Verstecke – erst leichte, dann immer schwierigere. Am Anfang legen Sie die Leckerbissen auf den Boden, also etwa hinter ein Stuhlbein, unter die Couch, hinter den Vorhang. Findet Ihr Hund alles mühelos, ist er bereit für die nächste Schwierigkeitsstufe: Die Futterstückchen liegen nicht mehr nur unten, sie befinden sich auf dem Sessel oder zwischen den Sofakissen zum Beispiel. Den duften Riecher nach oben zu recken, lohnt sich also.

Mit und ohne Zuschauen
Wie gewohnt darf Ihr Hund anfangs alle Aktivitäten genau beobachten. Mit der Zeit wird es ihm nicht mehr gestattet. Zudem erweitern Sie das Suchgebiet – von einem Zimmer allmählich auf die ganze Wohnung, beziehungsweise über die nächste Etage auf das ganze Haus. Ermuntern Sie Ihren Hund – falls nötig – und verknüpfen Sie seine Suche mit einem Hörzeichen, etwa „Such die Gooddies".

Nur unter Aufsicht
Lassen Sie Ihren Hund bei seiner Suche nicht allein! Nehmen Sie sich Zeit und begleiten ihn. Nicht nur, weil Sie ihm dann und wann einen kleinen Tipp geben müssen, sondern auch,

Geschenke auspacken: Nicht nur zur Weihnachtszeit macht das Hunden einen Heidenspaß – und wenn dann noch getrocknete Fischstückchen zum Vorschein kommen: Lecker!

weil es spannend ist, sein Verhalten zu beobachten: Pellets vom Boden aufsammeln oder Hundekuchen zwischen Kissen hervorkramen dürfte ein Leichtes für ihn sein. Aber wie ist es, wenn der Keks zu weit unter die Couch gerutscht ist? Zwängt er sich darunter? Bemüht er sich nach Leibeskräften, ihn zu erwischen? Oder setzt er sich davor und bellt, damit Sie ihm helfen? Wenn Sie möchten, dass Ihr Hund das Problem allein meistert (vorausgesetzt, es ist zu meistern), ignorieren Sie sein Bellen. Ist es Ihnen lieber, wenn er Ihnen schwierige Verstecke anzeigt anstatt womöglich ein Chaos anzurichten, dann bestätigen Sie ihn jetzt.

Christo lässt grüßen ...

Natürlich können die versteckten Leckereien auch verpackt sein – in unbedrucktem Papier zum Beispiel, das an beiden Enden gedreht wird, oder in einer leeren Toilettenpapierrolle. Dazu schneiden Sie die Papprolle auf beiden Seiten dreimal rund einen Zentimeter tief ein, füllen ein paar Leckerli hinein und klappen die entstandenen Kanten nach innen.

Ist Ihr Vierbeiner fündig geworden, ist das Spielchen für ihn noch nicht vorbei. Denn nun geht's ans Auspacken.

Papierschredder

Auch in einen großen Pappkarton (von dem Sie etwaige Metallteile sorgfältig entfernt haben) können Sie Fressbares packen. Vielleicht einen Ochsenziemer? Viel Knüllpapier dazu, perfekt! Machen Sie es Ihrem Hund aber nicht gleich zu schwer: Bei den ersten Spielen bleibt der Karton offen, dann kommt der Deckel darauf. Pieksen Sie ein paar Löcher in die Pappe, damit es noch verführerischer duftet. Ist der Inhalt gegessen, darf der Karton geschreddert werden: Kein Hund sagt Nein dazu.

Für Gierlappen   **Tipp**

Neigt Ihr Hund vor lauter Gier dazu, die Verpackung gleich mitzufressen, umwickeln Sie Ihr Geschenk möglichst dünn. Ein paar Brocken Zellstoff schaden ihm nicht. Bei größeren Mengen droht jedoch Verstopfung, wenn nicht sogar Darmverschluss. Lassen sich seine Essmanieren trotz mehrfachen Übens nicht kultivieren, verzichten Sie lieber aufs Verpacken Ihrer Gooddies.

EXTRA
Farben und Augenbewegungen

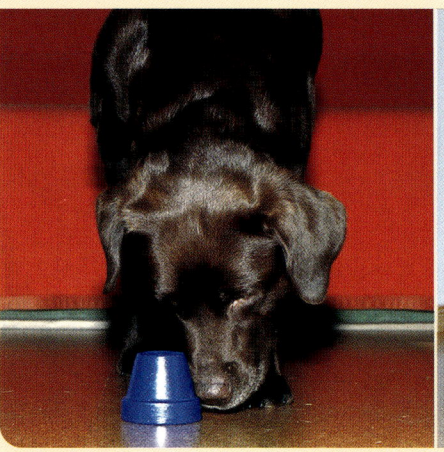

Richtiges Schieben will geübt sein. Ideal ist ein ebener, möglichst glatter Untergrund und reichlich Platz, damit der Hund nicht aneckt oder das Töpfchen unter einem Schrank verschwindet.

Früher nahm man an, Hunde seien farbenblind. Heute weiß man es besser: Hunde sind durchaus in der Lage, einzelne Farben zu erkennen – bei Blautönen schneiden sie sogar besonders gut ab. Feinste Nuancen können sie in diesem Wellenlängenbereich unterscheiden. Bei anderen Farben hingegen tun sie sich schwer. Gelb, Orangerot und Grün beispielsweise können sie nicht anhand der Färbung auseinanderhalten, wohl aber anhand unterschiedlicher Helligkeiten beziehungsweise Grauabstufungen.

Blau, blau, blau – sieht mein Hund so gut

Für ein Spiel, bei dem Farben eine Rolle spielen sollen, bietet sich Blau an. Und so funktioniert es – vorausgesetzt, Sie nehmen sich Zeit dafür. Denn

Hunde schenken Farben weit weniger Aufmerksamkeit als dem Duft. Daher ist entsprechend mehr Aufwand erforderlich, um sie auf dieses Detail zu konzentrieren. Und wenn Sie nicht aufpassen, haben Sie Ihren Vierbeiner rasch konditioniert, aber nicht auf die blaue Farbe des Gegenstandes, sondern z. B. auf dessen Position im Raum. Doch die langen Winterabende bieten reichlich Gelegenheit, sehr bedacht und Schritt für Schritt mit dem Vierbeiner zu üben.

Auf die Farbe kommt es an

Zunächst müssen Sie Ihrem Hund klarmachen, dass es (wie in unserem Beispiel) das blaue Blumentöpfchen ist, worauf es ankommt. Noch steht dieses Pöttchen allein auf weiter Flur, und für den Vierbeiner hagelt es Lob und

Leckerchen für jede winzige Annäherung. Berührt er es nicht nur, sondern schiebt es schließlich sogar ein Stückchen durch den Raum, gibt es eine Extraportion Leckerli. Das ist nämlich das Ziel dieses Spiels: Einzig das blaue Töpfchen wird geschoben, nicht aber ein andersfarbiges.

Noch mehr Töpfchen

Nun ist es Zeit, die nächste Etappe zu wagen: Ein weiteres Blumentöpfchen kommt dazu – vielleicht ein gelbes? Bestärken Sie Ihren Hund, wenn er das blaue Töpfchen beschnuppert, berührt, und vor allem, wenn er es eifrig hin und her schiebt. Ignorieren Sie sein Interesse für das gelb gefärbte.
Achten Sie darauf, dass sich keine Regelmäßigkeiten einschleichen, das heißt, dass Sie das blaue Töpfchen nicht immer näher an der Tür, dem Tisch, dem Sessel platzieren als das gelbe, es nicht stets als Erstes abstellen oder immer links beziehungsweise rechts vom Hund und Ähnliches.
Liegt die Trefferquote bei rund 80 Prozent, ist Ihr Hund ein Held. Jetzt können Sie ihm – während er gerade seine

richtige Wahl trifft – ein Hörzeichen geben, etwa „Schieb das Blaue". Und Sie können noch ein weiteres Blumentöpfchen anmalen.

Bewegende Augen-Blicke

Hunde sind typische „Schnellseher". Kein Wunder also, dass ihnen selbst die kleinsten Bewegungen unserer Augäpfel nicht entgehen. Schon die Veränderung der Blickrichtung genügt, um die Aufmerksamkeit der Hunde in diese Richtung zu lenken. Sie glauben es nicht? Probieren Sie es.
Knien Sie sich – nachdem Sie sowohl links als auch rechts von sich im Raum ein Leckerchen oder Spielzeug ausgelegt haben – vor Ihren sitzenden Hund. Legen Sie Ihre Hände auf den Rücken und halten Sie den Kopf möglichst ruhig. Sehen Sie Ihrem Hund freundlich ins Gesicht und bewegen Sie dabei zügig Ihre Augäpfel – zum Beispiel nach links. Wiederholen Sie dies ein paar Mal. Es wird bestimmt nicht lange dauern und Ihr vierbeiniger Schüler hat kapiert, dass er auf die entsprechende Seite laufen soll, zu der Sie gerade Ihren Blick schweifen lassen.

Statt den Vierbeiner das gewünschte Blumentöpfchen schieben zu lassen, können Sie ihm auch beibringen, es durch Hinlegen und/oder Bellen anzuzeigen.

Spielideen rund ums Jahr

Frühjahr

Zunächst wird das Dummy interessant gemacht und der Hund auf das Bringspiel eingestimmt – dann wird geworfen: Wenn da keine Apportierlaune aufkommt!

Beim Apport über ein Hindernis geht's zunächst gemeinsam auf den Parcours. Den Profi schickt man allein über die Hürde, um das Bringsel über das Hindernis hinweg zurückzuholen.

Sommer

In der heißen Jahreszeit sind Bewegungsspiele im Wasser der beste Zeitvertreib. Ohne seine Gelenke zu belasten, kann der Vierbeiner dabei Muskeln und Kondition trainieren und eine Menge Spaß haben – beim Apportieren, beim Wettschwimmen oder beim Kneipptreten.

Powerspiele an Land und längere Wanderungen verlegt man in die frühen Morgenstunden oder auf den Abend. Bedächtigere Spiele (sanfte Dehnungsübungen) wie der „Slalom um die Beine" oder das „Drunterdurchkriechen" dürfen jederzeit in Angriff genommen werden. Auch die lustigen Spieleinlagen zur Kräftigung der Muskulatur wie das „Tanzen" auf den Hinterbeinen oder die „Schubkarre", bei der man den Hund in der Flanke anhebt und sanft vorwärts schiebt, sodass er nur auf den Vorderbeinen läuft, sind sogar im Hochsommer tagsüber erlaubt.

Ihr Hund möchte beobachten, hören und seine Nase mit Düften füllen, er möchte Spuren lesen und Jagdspiele machen: Gönnen Sie ihm dieses Vergnügen! Es macht ihn glücklich, denn es lastet ihn aus, sowohl physisch als auch psychisch.

Lassen Sie ihn etwas suchen, worüber er sich riesig freut, etwa sein Lieblingsspielzeug. Hat er es gefunden, bekommt er seine Belohnung – wie wäre es mit einem Apportierspiel mit diesem Spielzeug? Ein großes Gebiet nach kleinen Überraschungen absuchen, beispielsweise ausgelegten Leckerbissen, macht auch viel Freude. Nicht Tempo und Beweglichkeit sind gefragt, sondern Ruhe und Konzentration. Leckerchen für Schnüffelspiele sind klein, saftig und in Bellos bevorzugter Geschmacksnote. So werden sie gern gesucht und schnell verschlungen: Das spornt an und macht Lust auf mehr. Die erste Suche können Sie drinnen starten. Später gehen Sie nach draußen und legen, ohne dass Ihr Hund zuschaut, mehrere Leckerchen aus und erweitern schrittweise die Größe des Such-Terrains.

Ein Sieb, einige verführerisch duftende Leckerchen darunter versteckt, und fertig ist der Zimmer-Spielparcours. Ziel ist es, das Gefäß umzudrehen, um ans Futter zu gelangen. Meist wird zunächst getatscht und geschoben, schließlich kommt fast jeder Hund auf den Dreh und kantet das Kunststoffgefäß an, sodass es kippt und seinen schmackhaften Inhalt freigibt. Dem ungeübten Vierbeiner machen Sie es leichter, wenn Sie die Leckerli direkt vor seinen Augen unter dem Sieb verschwinden lassen. Bei Fortgeschrittenen können Sie Fressbares (oder ein Spielzeug) darunter verstecken, ohne dass er etwas davon mitbekommt. Sie können das Gefäß mitsamt dem Darunter auch an einem gut zugänglichen Platz verstecken, und den Vierbeiner erst einmal auf die Suche danach schicken.

Bildnachweis

134 Farbfotos wurden von Karl-Heinz Widmann für dieses Buch aufgenommen. Weitere Farbfotos von Horst Streitferdt/Kosmos (3; S. 52 beide, 53) und Sabine Stuewer/ Kosmos (4; U II unten, S. 11, 18 Mitte und unten)

Impressum

Umschlaggestaltung von eStudio Calamar unter Verwendung von zwei Farbfotos von Karl-Heinz Widmann.

Mit 145 Farbfotos.

Unser gesamtes lieferbares Programm und viele weitere Informationen zu unseren Büchern, Spielen, Experimentierkästen, DVDs, Autoren und Aktivitäten finden Sie unter **www.kosmos.de**

Gedruckt auf chlorfrei gebleichtem Papier

© 2009, Franckh-Kosmos Verlags-GmbH & Co. KG, Stuttgart.
Alle Rechte vorbehalten
ISBN 978-3-440-11580-0
Redaktion: Alice Rieger
Gestaltungskonzept: solutioncube GmbH, Reutlingen
Gestaltung und Satz: Atelier Krohmer, Dettingen/Erms
Produktion: Eva Schmidt
Printed in Germany / Imprimé en Allemagne

Register

Meine Serviceseite

Zum Weiterlesen

Lust auf noch mehr Spiele und Beschäftigungsideen? Folgende Bücher können wir empfehlen:

Blenski, Christiane: **Hundespiele** – Frische Spielideen für fröhliche Hunde. Kosmos 2007.

Blenski, Christiane: **Schnüffelspiele für Hunde** – Der Nasenspaß für jeden Hund. Kosmos 2009.

Büttner-Vogt, Inge: **Spiel & Spaß mit Hund** – Beschäftigungsideen für zu Hause und unterwegs. Kosmos 2008.

Lübbe, Perdita und Ulrike Thurau: **Das Kosmos Buch vom Apportieren** – Such und Bring! Beschäftigung für alle Hunde. Kosmos 2007.

Metz, Gabriele und Simone Doepp: **Trick Dogs** – Coole Kunststücke für clevere Hunde. Kosmos 2009.